W0260424

ALLE·ZEIT·WACH
1842

AIDS und Nervensystem

Herausgegeben von
P.-A. Fischer und W. Schlote

Mit Beiträgen von
K. Berger · H. von Briesen · H. Budka · H. W. Doerr · W. Enzensberger
S. Falk · P.-A. Fischer · H. Gelderblom · I. Grosch-Wörner · H. Hacker
E. B. Helm · K. Hübner · J. Kauss · B. Krackhardt · W. Kreuz · R. Kurth
J. Löwer · W. Merdes · K. Mergener · H. J. Möbius · H. Müller
H. Rübsamen-Waigmann · W. Schlote · H. L. Schmidts · H. J. Stutte
E. Thomas · H. Gräfin Vitzthum · U. Woelki

Mit 55 Abbildungen und 32 Tabellen

Springer-Verlag
Berlin Heidelberg New York
London Paris Tokyo

Professor Dr. PETER-A. FISCHER
Abteilung für Neurologie
Zentrum der Neurologie und Neurochirurgie
Klinikum der J. W. Goethe-Universität Frankfurt
Schleusenweg 2–16, D-6000 Frankfurt 71

Professor Dr. WOLFGANG SCHLOTE
Klinikum der J. W. Goethe-Universität Frankfurt
Neurologisches Institut (Edinger Institut)
Deutschordenstraße 46, D-6000 Frankfurt 71

ISBN-13:978-3-540-17820-0 e-ISBN-13:978-3-642-72674-3
DOI:10.1007/978-3-642-72674-3

CIP-Kurztitelaufnahme der Deutschen Bibliothek
AIDS und Nervensystem/hrsg. von P.-A. Fischer u. W. Schlote.
Mit Beitr. von K. Berger ... –
Berlin; Heidelberg; New York; London; Paris; Tokyo: Springer, 1987.

NE: Fischer, Peter-Alexander [Hrsg.]; Berger, Kurt [Mitverf.]

2125/3130-543210

Vorwort

Die durch das menschliche Immundefektvirus (human immunodeficiency virus, HIV) verursachte erworbene Immunschwäche (acquired immunodeficiency syndrome, AIDS) gewinnt aufgrund steigender Erkrankungszahlen zunehmend an praktisch-ärztlicher Bedeutung. Unter den klinischen Manifestationen findet die häufige Beteiligung des Zentralnervensystems steigende Beachtung. Die verschiedenen opportunistischen Infektionen und Tumoren des Zentralnervensystems bei AIDS werfen zahlreiche diagnostische Probleme auf, zumal beim selben Patienten mehrere opportunistische Erkrankungen gleichzeitig vorkommen können. Einige opportunistische Infektionen des ZNS bieten Behandlungsmöglichkeiten in einer insgesamt jedoch noch sehr unbefriedigenden therapeutischen Gesamtsituation. Viele offene Fragen bezüglich Häufigkeit und Symptomatik direkter HIV-Enzephalitiden und HIV-Myelitiden sind von hohem wissenschaftlichen Interesse und großer praktischer Relevanz.

Bisher ist noch nicht genau bekannt, wie viele Subtypen des HIV existieren und worin sie sich unterscheiden. Alle Beobachtungen sprechen für mehrere Varianten, wobei für HIV oder mindestens eine seiner Varianten Neurotropismus außer Frage steht.

Die mit den HIV-Infektionen des Zentralnervensystems verbundenen Probleme können nur durch die gleichzeitige Berücksichtigung von Untersuchungsergebnissen verschiedener Fachgebiete einer Lösung nähergebracht werden. Die in einer solchen interdisziplinären Zusammenarbeit in Frankfurt/Main gesammelten Befunde wurden auf dem Workshop „AIDS und Nervensystem" am 15. November 1986 in Frankfurt/Main vorgetragen und zur Diskussion gestellt. Die vorliegende Schrift basiert auf den überarbeiteten und z.T. erweiterten Referaten dieser Tagung und reflektiert den aktuellen Stand dieser speziellen Problematik bei AIDS, über die bisher noch keine zusammenfassende Darstellung vorliegt. Der Kenntnisstand über die zentralnervösen Störungen bei AIDS, ihre Ursachen und Auswirkungen wandelt sich ständig. Wir danken deshalb dem Springer-Verlag für seine Unterstützung und ganz besonders für die Bereitschaft zur raschen Publikation des Buches.

P.-A. Fischer
W. Schlote

Inhaltsverzeichnis

Autorenverzeichnis

BERGER, K., Senckenbergisches Zentrum der Pathologie, Klinikum der J.W. Goethe-Universität Frankfurt, Theodor-Stern-Kai 7, 6000 Frankfurt/Main 70

BRIESEN VON, H., Chemotherapeutisches Forschungsinstitut, Georg-Speyer-Haus, Paul-Ehrlich Straße 42–44, 6000 Frankfurt/Main 70

BUDKA, H., Neurologisches Institut der Universität Wien, Schwarzspanierstraße 17, A-1090 Wien, Österreich

DOERR, H.W., Abteilung für Medizinische Virologie, Zentrum der Hygiene, Klinikum der J.W. Goethe-Universität Frankfurt, Paul-Ehrlich-Straße 40, 6000 Frankfurt/Main 70

ENZENSBERGER, W., Abteilung für Neurologie, Zentrum der Neurologie und Neurochirurgie, Klinikum der J.W. Goethe-Universität Frankfurt, Schleusenweg 2–16, 6000 Frankfurt/Main 71

FALK, S., Senckenbergisches Zentrum der Pathologie, Klinikum der J.W. Goethe-Universität Frankfurt, Theodor-Stern-Kai 7, 6000 Frankfurt/Main 70

FISCHER, P.-A., Abteilung für Neurologie, Zentrum der Neurologie und Neurochirurgie, Klinikum der J.W. Goethe-Universität Frankfurt, Schleusenweg 2–16, 6000 Frankfurt/Main 71

GELDERBLOM, H., Robert-Koch-Institut des Bundesgesundheitsamtes, Nordufer 20, 1000 Berlin 65

GROSCH-WÖRNER, I., Kinderklinik und Poliklinik des Universitätsklinikums Charlottenburg, Freie Universität, 1000 Berlin 19

HACKER, H., Abteilung für Neuroradiologie, Zentrum der Radiologie, Klinikum der J.W. Goethe-Universität Frankfurt, Schleusenweg 2–16, 6000 Frankfurt/Main 71

HELM, E.B., Infektionslaboratorium, Zentrum der Inneren Medizin, Klinikum der J.W. Goethe-Universität Frankfurt, Theodor-Stern-Kai 7, 6000 Frankfurt/Main 70

HÜBNER, K., Senckenbergisches Zentrum der Pathologie, Klinikum der J.W. Goethe-Universität Frankfurt, Theodor-Stern-Kai 7, 6000 Frankfurt/Main 70

KAUSS, J., Neurologisches Institut (Edinger Institut), Klinikum der J.W. Goethe-Universität Frankfurt, Deutschordenstraße 46, 6000 Frankfurt/Main 70

KRACKHARDT, B., Zentrum der Kinderheilkunde, Klinikum der J.W. Goethe-Universität Frankfurt, Theodor-Stern-Kai 7, 6000 Frankfurt/Main 70

KREUZ, W., Zentrum der Kinderheilkunde, Klinikum der J.W. Goethe-Universität Frankfurt, Theodor-Stern-Kai 7, 6000 Frankfurt/Main 70

KURTH, R., Paul-Ehrlich-Institut, Paul-Ehrlich-Straße 42–44, 6000 Frankfurt/Main 70

LÖWER, J., Paul-Ehrlich-Institut, Paul-Ehrlich-Straße 42–44, 6000 Frankfurt/Main 70

MERDES, W., Abteilung für Neuroradiologie, Zentrum der Radiologie, Klinikum der J.W. Goethe-Universität Frankfurt, Schleusenweg 2–16, 6000 Frankfurt/Main 71

MERGENER, K., Abteilung für Medizinische Virologie, Zentrum der Hygiene, Klinikum der J.W. Goethe-Universität Frankfurt, Paul-Ehrlich-Straße 40, 6000 Frankfurt/Main 70

MÖBIUS, H.J., Neurologisches Institut (Edinger Institut), Klinikum der J.W. Goethe-Universität Frankfurt, Deutschordenstraße 46, 6000 Frankfurt/Main 70

MÜLLER, H., Senckenbergisches Zentrum der Pathologie, Klinikum der J.W. Goethe-Universität Frankfurt, Theodor-Stern-Kai 7, 6000 Frankfurt/Main 70

RÜBSAMEN-WAIGMANN, H., Chemotherapeutisches Forschungsinstitut, Georg-Speyer-Haus, Paul-Ehrlich-Straße 42–44, 6000 Frankfurt/Main 70

SCHLOTE, W., Neurologisches Institut (Edinger Institut), Klinikum der J.W. Goethe-Universität Frankfurt, Deutschordenstraße 46, 6000 Frankfurt/Main 70

SCHMIDTS, H.L., Senckenbergisches Zentrum der Pathologie, Klinikum der J.W. Goethe-Universität Frankfurt, Theodor-Stern-Kai 7, 6000 Frankfurt/Main 70

STUTTE, H.J., Senckenbergisches Zentrum der Pathologie, Klinikum der J.W. Goethe-Universität Frankfurt, Theodor-Stern-Kai 7, 6000 Frankfurt/Main 70

THOMAS, E., Neurologisches Institut (Edinger Institut), Klinikum der J.W. Goethe-Universität Frankfurt, Deutschordenstraße 46, 6000 Frankfurt/Main 70

VITZTHUM GRÄFIN, H., Neurologisches Institut (Edinger Institut), Klinikum der J.W. Goethe-Universität Frankfurt, Deutschordenstraße 46, 6000 Frankfurt/Main 70

WOELKI, U., Neurologisches Institut (Edinger Institut), Klinikum der J.W. Goethe-Universität Frankfurt, Deutschordenstraße 46, 6000 Frankfurt/Main 70

Aktueller Stand von Epidemiologie und Übertragungsmodus der HIV-Infektion

E. B. Helm

Einleitung

Als 1981 (CDC: MMWR 1981) erstmals über das acquired immune deficiency syndrome (AIDS) berichtet wurde, war kaum einem Wissenschaftler klar, daß diese Krankheit in nur 5 Jahren zu *dem* medizinischen Problem unserer Zeit werden würde. Daß dies so ist, wird trotz ständiger Berichte in Fachzeitschriften und Massenmedien von den meisten Menschen, darunter auch von vielen Ärzten, nicht wahrgenommen. Ehe im folgenden die epidemiologische Entwicklung und der Übertragungsmodus dargestellt werden, sollte kurz auf das klinische Bild und die aktuelle Nomenklatur eingegangen werden. Die Bezeichnung AIDS ist historisch entstanden. AIDS ist die Endphase einer Infektionskrankheit, die durch das human immunodeficiency virus, HIV (Coffin et al. 1986) hervorgerufen wird. Die ersten Bezeichnungen für den Erreger waren LAV (Barré-Sinoussi et al. 1983) bzw. HTLV III (Gallo et al. 1984). In ihrer Gesamtheit sollte die Krankheit (die durch das HIV hervorgerufen wird) heute HIV-Infektion genannt werden. Die Diagnose AIDS sollte vor allem mit Rücksicht auf die Betroffenen nur bei Patienten, die die CDC-Definition (CDC: MMWR 1985) erfüllen, angewandt werden. Rückblickend ist es verständlich, daß zunächst das sehr eindrucksvolle Endstadium – AIDS – der HIV-Infektion, die Pneumocystic-carinii-Pneumonie, bzw. das Kaposi-Sarkom, bei bis dahin gesunden jungen Männern aufgefallen war. Wie in einem Film, der rückwärts abgespielt wird, hat man erst nach und nach weitere Krankheitssymptome entdeckt, die bei Personen mit HIV-Infektion vor dem Endstadium auftreten können.

1982 wurde erstmals über das gehäufte Auftreten von Lymphknotenschwellungen bei jungen gesunden homosexuellen Männern berichtet, der gleichen Personengruppe, bei der zuerst AIDS aufgetreten war. Ebenfalls seit 1982 haben mehrere Autoren (Horowitz et al. 1982; Snider et al. 1983; Nielsen et al. 1984; Levy et al. 1985; Ho et al. 1985) auf neurologische Krankheitsbilder im Rahmen der HIV-Infektion hingewiesen.

Die Liste der Komplikationen bei anti-HIV-positiven Patienten wird immer länger.

Auch die Zahl der opportunistischen Erreger, die bei Patienten im Endstadium der HIV-Infektion eine Rolle spielen, wird immer größer (Tabelle 1).

Die HIV-Infektion ist eine Erkrankung mit einer sehr variablen, meist mehrere Monate bis Jahre andauernden Inkubationszeit (= Zeit bis zum Auftreten von Antikörpern) und einer ebenso variablen, häufig noch längeren Latenzzeit (Koch 1986, persönliche Mitteilung). Es sind Fälle beschrieben, in denen nach Infektion bis zum Auftreten von Symptomen mehrere Jahre vergangen sind.

Tabelle 1. Wichtige Erreger opportunistischer Infektionen bei AIDS

Erreger	Infektionen
Protozoen	
Pneumocystis carinii	Doppelseitige Pneumonie
Toxoplasma gondii	ZNS-Toxoplasmose
Cryptosporidium	Therapieresistente Diarrhö
Pilze	
Candida	Soor-Ösophagitis
Viren	
Zytomegalovirus	Dissemination
Herpes simplex	Chronisch ulzerierende mukokutane Läsionen
Varizella-zoster-Virus	Lokalisierter oder disseminierter Verlauf
Epstein-Barr-Virus	Unklar
Bakterien	
Mycobacterium avium intracellulare	Lymphadenopathie
Mycobacterium tuberculosis	Extrapulmonale Manifestation
Seltene Erreger	
Cryptococcus neoformans	Meningitis
Aspergillus sp.	ZNS-Befall
Listeria monocytogenes	Meningitis

Tabelle 2. Wichtige „unspezifische Symptome" bei Patienten mit Lymphadenopathie-Syndrom im Rahmen einer HIV-Infektion

- Leistungsknick
- Nachtschweiß
- Fieber ohne Erregernachweis
- Diarrhö ohne Erregernachweis
- Gewichtsabnahme (>10% des Körpergewichts)

Die ersten Krankheitserscheinungen nach der Latenzzeit sind meist eine generalisierte Lymphknotenschwellung und sog. „unspezifische Symptome" (Tabelle 2) (Brodt et al. 1986). Diese können ebenfalls mehrere Jahre bestehen, mit der Tendenz zur allmählichen Verschlechterung.

Der Prozentsatz derjenigen Patienten, der letztlich an AIDS erkranken wird, ist noch nicht genau bekannt. Sicher ist nur, daß die AIDS-Inzidenz mit der Dauer der Beobachtung steigt und größer sein wird als die bisher geschätzten 5–20% der HIV-Infizierten (Brodt et al. 1986; Goedert et al. 1986; Jaffé et al. 1986).

Tabelle 3. AIDS-Erkrankungszahlen

	USA	BRD	Ffm/ZIM
12/81	225	0	0
12/82	1000	7	3
12/83	3000	47	10
12/84	8000	134	20
12/85	16000	360	51
9/86	25516	675	96
11/86	28000	771	108

Epidemiologie

Die Ausbreitung der HIV-Infektion hat ein erschreckendes Ausmaß erreicht. Amerika, alle europäischen Länder und die meisten Staaten der Dritten Welt sind betroffen. Insbesondere in Afrika scheint die Epidemie zu einer Bedrohung für die gesamte Bevölkerung dieses Kontinents zu werden. Vor allem belgische und französische Autoren (Clumeck et al. 1983, 1984) haben ab 1983 auf dieses Problem hingewiesen. Die aktuellen Zahlenangaben, die von öffentlichen Stellen dieser Länder bekanntgegeben werden, entsprechen allerdings kaum den tatsächlichen Gegebenheiten. In vielen Ländern sind keine Testmöglichkeiten vorhanden. Blutkonserven werden nicht routinemäßig getestet. Nach Angaben von M. Koch (persönliche Mitteilung, 1986) ist jede 7. Konserve in der Hyperendemiezone von Afrika mit HIV kontaminiert. Auch die Länder der Karibik sind hoch durchseucht. Dieser Tatbestand ist für Entwicklungshelfer, Urlauber und Firmenpersonal aus Europa, die diese Länder besuchen, sehr wichtig. Sie haben ein relevantes Infektionsrisiko, wenn sie die örtlichen medizinischen Einrichtungen in Anspruch nehmen müssen.

Die wichtigste Infektionsquelle sind aber Sexualkontakte in diesen Ländern. Deshalb sollte man bei allen Personen mit unklaren Krankheitsbildern, die sich in HIV-Endemiegebieten (wie Afrika und Karibik) aufgehalten haben, an die Möglichkeit dieser Krankheit denken. Dies gilt ganz besonders auch für psychiatrische und neurologische Krankheitsbilder.

Der Anstieg der Erkrankungszahlen in den USA und in der Bundesrepublik Deutschland sowie im Zentrum der Inneren Medizin in Frankfurt geht aus Tabelle 3 hervor. Da nur Patienten mit dem sog. Vollbild AIDS gemeldet werden, wird aufgrund dieser Zahlen das tatsächliche Problem nicht deutlich. Auch kommt hinzu, daß mit einer großen Dunkelziffer gerechnet werden muß. Wie wäre sonst die Tatsache zu interpretieren, daß die Universitätsklinik Frankfurt am Main allein 1/7 der bundesdeutschen Fälle gemeldet hat?

Die Dimensionen, die diese Krankheit bereits heute erreicht hat, wird aber erst deutlich, wenn man den Anstieg der anti-HIV-positiven Personen in den traditionellen Hauptrisikogruppen, d.h. männliche Homosexuelle und i.v. Drogenabhängige (Joetten 1986, persönliche Mitteilung), berücksichtigt (Tabelle 4).

Diese heute „nur" infizierten, noch gesunden Personen, werden die AIDS-Patienten der 90er Jahre sein!

Tabelle 4. Nachweis von HIV-Antikörper bei homosexuellen/bisexuellen Männern und Drogenabhängigen (AIDS-Beratungsstelle, Frankfurt am Main)

Zeitraum	Homosex./bisex. Männer		I.v. Drogen	
	Zahl	davon pos.	Zahl	davon pos.
15.09.–31.12.85	448	66 = 15%	60	18 = 30%
01.01.–31.03.86	159	30 = 19%	20	6 = 30%
01.04.–30.06.86	124	21 = 17%	18	6 = 33%
01.07.–30.09.86	184	47 = 26%	34	15 = 44%

Auch ein Übergreifen der Infektion auf die Allgemeinbevölkerung ist bereits heute feststellbar (Staszewski 1986, persönliche Mitteilung). Auf die mannigfaltigen Infektionswege wird im nächsten Abschnitt eingegangen werden.

Es besteht heute unter Epidemiologen (González u. Koch 1986) kein Zweifel mehr daran, daß mit einem enormen Anstieg der AIDS-Fälle weltweit gerechnet werden muß und daß der Kurvenverlauf in Westdeutschland dem der USA um 2–3 Jahre versetzt folgen wird.

Spätestens 1992 werden wir, vorausgesetzt, die Fallzahlen verdoppeln sich *nur* jährlich und nicht in kürzeren Abständen, etwa 50000 AIDS-Patienten haben. Mit einer Abflachung der exponentiellen Kurve wird erst bei einer sehr hohen Fallzahl (Koch 1986, persönliche Mitteilung) zu rechnen sein.

Übertragungsmodus der HIV-Infektion

Nach dem derzeitigen Kenntnisstand kann die HIV-Infektion auf folgenden Wegen (Tabelle 5) übertragen werden. Der häufigste Infektionsmodus ist sicherlich der sexuelle Kontakt mit einer infizierten Person. Entgegen früheren Auffassungen ist heute klar, daß nicht nur homosexuelle Kontakte bzw. Analverkehr, zur Infektion führen; vielmehr geht aus zahlreichen Beobachtungen hervor, daß sowohl Übertragungen von einem Mann auf eine Frau (Harris et al. 1983; Groepmann et al. 1985) als auch von Frauen auf Männer (Redfield et al. 1985; Redfield et al. 1986) möglich sind. Wichtig ist ganz offensichtlich die Frequenz sexueller Kontakte mit Infizierten. Die Bedeutung der sexuellen Promiskuität für die Verbreitung von AIDS wird durch die Beobachtungen aus Afrika belegt: Männer und Frauen in der sexuell aktiven Lebensphase sind überwiegend betroffen, dabei Männer und Frauen etwa gleich häufig (Clumeck et al. 1985). Obwohl die Bedeutung sexueller Kontakte für die Übertragung generell bekannt ist, gibt es noch viele ungelöste Fragen. So wissen wir heute nicht, ob diese Infektiosität für den Sexualpartner in jeder Erkrankungsphase in gleicher Weise gegeben ist. Auch die Infektiosität nichtgenitaler Sexualkontakte ist noch nicht hinreichend bekannt.

Der zweithäufigste Infektionsweg ist die Übertragung der Infektion durch die Benutzung kontaminierter Kanülen im Drogenmilieu. Die Durchseuchung der Dro-

Tabelle 5. Wichtige Übertragungswege der HIV-Infektion

- Sexuelle Kontakte (homo- und heterosexuell)
- I.v. Drogenabusus (kontaminierte Kanüle)
- Erregerhaltige Blutkonserven bzw. Faktorenkonzentrate (heute weitgehend ausgeschlossen)
- Transplantation von Organen Infizierter (heute weitgehend ausgeschlossen)
- Intrauterin bzw. während der Geburt
- Akzidentelle Inokulation von erregerhaltigem Blut bzw. anderen Körpersekreten? Z.B. Speichel?
- Insekten?

Tabelle 6. Klinische Konstellationen, die verdächtig für AIDS sind

- Therapieresistente Candida-Infektionen
- Zoster bei jüngerem Mann
- Unklares Fieber
- Unklare Lymphknotenschwellung
- Unklare Diarrhöen
- Interstielle Pneumonie, die auf Tetrazyklin nicht anspricht
- Unklare Enzephalitis / Virusmeningitis
- Präsenile Demenz
- Unklarer Gewichtsverlust

genabhängigen ist, wie auch aus Tabelle 4 hervorgeht, im Steigen begriffen. Anti-HIV-positive Fixer spielen bei der Verbreitung der Krankheit eine besondere Rolle. Weibliche Drogenabhängige gehen z.T. der Prostitution nach. Die Bereitschaft, bei Injektion von Heroin bzw. dem Sexualverkehr Vorsichtsmaßnahmen anzuwenden, ist bei diesem Patientenkollektiv offensichtlich gering.

Das Infektionsrisiko durch Bluttransfusionen, Behandlung mit Blutprodukten, wie Faktorenkonzentraten, sowie durch Organtransplantationen, konnte durch die Antikörpertestung der Spender und Inaktivierungsschritte bei der Herstellung von Faktorenkonzentraten (seit 1. 1. 1985 obligatorisch) deutlich verringert werden. Nach wie vor besteht aber ein geringes Restrisiko einer Übertragung: Wie eingangs erwähnt, kann die Krankheit eine sehr lange Inkubationszeit haben. Antikörper können lange Zeit nicht nachweisbar sein und deshalb auch der Infizierte nicht identifiziert werden.

Die Zahl der Kinder, die mit HIV-Infektion geboren werden, nimmt ebenfalls zu. Die Mehrzahl hat eine anti-HIV-positive Mutter; in der Regel handelt es sich um drogenabhängige Frauen. Die Übertragung von der Mutter auf das Kind ist sehr wahrscheinlich sowohl transplazentar als auch unter der Geburt (La Pointe et al. 1985; Ziegler et al. 1985) möglich. Die Inzidenz einer HIV-Infektion bei Kindern infizierter Mütter ist noch nicht genau bekannt; sie beträgt nach der derzeitigen Literatur etwa 50% (Scott et al. 1985; Griscelli 1986). Möglicherweise wird dieser Prozentsatz bei längerer Beobachtungszeit noch höher.

Tabelle 7. Körperflüssigkeiten, in denen HIV nachgewiesen wurde

- Blut
- Plasma
- Liquor
- Speichel
- Alveolarsekret
- Sperma
- Vaginalsekret
- Brustmilch
- Tränenflüssigkeit
- Punktionsflüssigkeit?

(Mit einer Erweiterung dieser Liste ist zu rechnen!)

Tabelle 8. Maßnahmen zur Vermeidung von Infektionen im Krankenhaus

- Schutzkleidung
- Handschuhe
- Inokulationssichere Arbeitsverfahren
- Wirksame Oberflächen- und Gerätedesinfektion
- Händedesinfektion

Obwohl das Infektionsrisiko für medizinisches Personal bei HIV gering erscheint, haben sich einige Personen doch bei der Versorgung von AIDS-Patienten angesteckt. Aus der Literatur sind 5 Fälle bekannt, die durch eine Nadelstichverletzung infiziert wurden (Anonymus 1984; Oksenhendler et al. 1986; Shicof u. Morse 1986; Neisson-Vernant et al. 1986; Weiss et al. 1986). Dazu kommen 2 weitere Mitteilungen über eine nosokomiale HIV-Infektion durch die Pflege Erkrankter (Weiss et al. 1985).

Die Gefahr einer Infektion im Pflegebereich darf *keineswegs* außer acht gelassen werden. Bei allen Patienten mit unklaren Krankheitsbildern (Tabelle 6) muß auch an eine HIV-Infektion gedacht werden. Es reicht heute nicht mehr aus, Vorsichtsmaßnahmen nur bei der Pflege von Homosexuellen bzw. bei Patienten aus dem Drogenmilieu zu beachten. In dem Maße, in dem das Risiko der Infektion für die Allgemeinbevölkerung steigt (durch sexuelle Kontakte mit Personen, deren Risiko man nicht kennt, Transfusionen vor Einführung der Tests), steigt auch die Infektionsgefahr für das Pflegepersonal. Das Virus wurde in den in Tabelle 7 zusammengestellten Körperflüssigkeiten nachgewiesen. Es werden deshalb eine Reihe von Schutzmaßnahmen empfohlen, die in Tabelle 8 zusammengefaßt sind.

Eine Übertragung von Mensch zu Mensch durch Handgeben, Benutzung gleicher Toiletten, Baden in öffentlichen Badeanstalten und ähnliche Aktivitäten, ist in allen Stadien der Erkrankung sehr unwahrscheinlich.

Schlußfolgerung

5 Jahre nach den ersten bewußt wahrgenommenen AIDS-Erkrankungsfällen sind wir noch weit davon entfernt, das auf uns zukommende Problem in seiner ganzen Tragweite richtig einzuschätzen. Viele Schritte im Ablauf der HIV-Infektion sind noch nicht ausreichend erforscht.

Das gilt auch besonders für den Übertragungsmodus. Zwar wissen wir, daß die Krankheit auf jeden Fall durch sexuelle Kontakte und durch Inokulation übertragen werden kann. Wir können aber derzeit nicht ausschließen, ob nicht bereits durch geringere Kontakte eine Übertragung möglich ist.

Deshalb ist Vorsicht bei der Behandlung von Menschen mit HIV-Infektion bzw. mit unklaren Krankheitsbildern dringend angezeigt.

So viel ist aber auch heute schon sicher: Die Erkrankungszahlen werden steigen. Dieses große Heer von Erkrankten wird auch in Zukunft auf noch unzureichend ausgebildete Ärzte, unwissende Mitmenschen und Politiker stoßen, die die Gefahr nicht sehen wollen, wenn diejenigen, die mit der Problematik vertraut sind, nicht ständig die notwendige Aufklärungsarbeit leisten.

Literatur

Anonymus (1984) Needlestick transmission of HTLV III from a patient infected in Africa. Lancet II: 1376–1377

Barré-Sinoussi F, Chermann JC, Rey F, et al (1983) Isolation of a T lymphotropic retrovirus from a patient at risk for acquired immune deficiency syndrome (AIDS). Science 220: 868–871

Brodt HR et al (1986) Spontanverlauf der LAV/HTLV III-Infektion. Dtsch Med Wochenschr 111: 1175–1180

CDC (1981) Pneumocystis carinii Pneumonia – Los Angeles. MMWR 30: 250

CDC (1985) Revision of the case definition of acquired immunodeficiency syndrome for national reporting – United States. MMWR 34: 373–375

Clumeck N, Mascart-Lemone F, de Maubeuge J, Brenez D, Marcelis L (1983) Acquired immune deficiency syndrome in black Africans. Lancet I: 642

Clumeck N, Sonnet J, Taelman H, et al (1984) Acquired immunodeficiency syndrome in African patients. N Engl J Med 310: 492–497

Clumeck N, Van de Perre P, Careal M, et al (1985) Heterosexual promiscuity among African patients with AIDS. N Engl J Med 2: 182

Coffin J, Haase A, Levy JA, et al (1986) Human immunodeficiency virus (Letter). Science 232: 697

Gallo RC, Salahuddin SZ, Popovic M, et al (1984) Frequent detection and isolation of cytopathic retroviruses (HTLV III) from patients with AIDS and at risk for AIDS. Science 224: 500–503

Goedert JJ, Biggar RJ, Weiss SH, et al (1986) Three-year incidence of AIDS in five cohorts of HTLV III infected risk group members. Science 231: 992–995

González J, Koch M (1986) On the role of the transients for the prognostic analysis of AIDS and the anciennity distribution of AIDS patients. AIDS-Forschung 1: 621

Griscelli C (1986) LAV/HTLV III infection in infants and children. International Conference on AIDS, 23–25 June 1986, Paris, Communication SP 5. Abstr p 5

Groepmann JE, Sarngadharan MG, Salahuddin SZ, et al (1985) Apparent transmission of human T-cell leukaemia virus type III to a heterosexual woman with the acquired immunodeficiency syndrome. Ann Intern Med 102: 63–66

Harris C, Butkus Small C, Klein RS, et al (1983) Immunodeficiency in female partners of men with the aquired immunodeficiency syndrome. N Engl J Med 308: 1181

Ho DD, Rota TR, Schooley RT, et al (1985) Isolation of HTLV III from cerebrospinal fluid and neural tissues of patients with neurologic syndromes related to the acquired immunodeficiency syndrome. N Engl J Med 313:1193–1197

Horowitz SL, Benson DF, Gottlieb MS, Davos I, Bentson JR (1982) Neurological complications of gay-related immunodeficiency disorder. Ann Neurol 12:80

Jaffé H, O'Malley P, Rutherford G, et al (1986) Natural history of HTLV III/LAV infection in a cohort of gay men. Vortrag auf der ICAAC 1986

La Pointe N, Michand J, Pekovic D, et al (1985) Transplacental transmission of HTLV III virus. N Engl J Med 312:1325–1326

Levy RM, Bredesen DE, Rosenblum ML (1985) Neurological manifestations of the acquired immunodeficiency syndrome (AIDS): Experience of UCSF and review of the literature. J Neurosurg 62:475–495

Neisson-Vernant C, Arfi S, Mathez D, Leibowitch J, Montplaisir N (1986) Needlestick HIV seroconversion in a nurse. Lancet II:814

Nielsen S, Petito CK, Urmacher CD, Posner JB (1984) Subacute encephalitis in acquired immune deficiency syndrome. A postmortem study. Am J Clin Pathol 82:678–682

Oksenhendler E, Harzig M, Le Roux JM, Rabian C, Clauvel JP (1986) HIV infection with seroconversion after a superficial needlestick injury to the finger. N Engl J Med 315:582

Redfield RR, Markham PD, Salahuddin SZ, et al (1985) Frequent transmission of HTLV III among spouses of patients with AIDS related complex and AIDS. JAMA 253:1571–1573

Redfield RR, Wright DC, Markham PD, et al (1986) Female to male transmission of HTLV III. JAMA 255:1705–1706

Scott GB, Fischl MA, Klimas N, et al (1985) Mothers of infants with the acquired immunodeficiency syndrome. JAMA 253:363

Shicof RL, Morse DL (1986) HTLV III/LAV seroconversion following a deep intramuscular needlestick injury. N Engl J Med 314:1115

Snider WD, Simpson DM, Nielsen S, Gold JWM, Metroka CE, Posner JB (1983) Neurological complications of acquired immune deficiency syndrome: Analysis of 50 patients. Ann Neurol 14:403–418

Weiss SH, Saxinger C, Rechtmann D, et al (1985) HTLV III infection among health care workers. JAMA II:2089–2093

Ziegler JB, Cooper DA, Johnson RO, et al (1985) Postnatal transmission of AIDS associated retrovirus from mother to infant. Lancet I:896–897

Das humane Immundefizienzvirus HIV: Struktur und Pathogenese

R. KURTH, J. LÖWER und H. GELDERBLOM

Eigenschaften von Retroviren

Das humane Immundefizienzvirus (HIV) gehört zur Familie der Retroviren. Dies sind RNS-haltige Hüllviren, die in der Natur weit verbreitet sind (Tabelle 1). Serologisch und morphologisch unterscheidbare Virusstämme konnten von der Schlange bis zum Menschen isoliert werden. Die Viren haben ihren Namen durch ein einzigartiges, vom Virusgenom kodiertes Enzym erhalten, durch die Reverse-Transkriptase (RNS-abhängige DNS-Polymerase), die bei Infektion einer Zelle dafür sorgt, daß das virale Genom (RNS) in doppelsträngige DNS überschrieben wird. Dieses Enzym kehrt also den normalen Fluß der genetischen Information von DNS in RNS in Proteine zumindest teilweise um.

Retroviren haben in den letzten Jahrzehnten ein großes Interesse bei den virologischen Fachleuten gefunden, weil sie als genetisch relativ kleine Viren in der Lage sind, sowohl in Gewebekultur im Laboratorium Zellen maligne zu transformieren als auch im Tier Tumoren zu erzeugen. Viele unserer heutigen Kenntnisse über die maligne Zelltransformation stammen aus Untersuchungen mit Retroviren. Mit Hilfe

Tabelle 1. Taxonomische Eigenschaften von Retroviren

Nukleinsäure	Lineare, Positiv-Strang RNS (60–70S), bestehend aus zwei identischen Untereinheiten (30–35S)
Gene	Normalerweise drei: *gag* (kodiert für die „Gruppenspezifischen Antigene“ = Innenkörper-Strukturproteine), *pol* (kodiert für die Polymerase = Reverse-Transkriptase), *env* (envelope = kodiert für die Hüllproteine); defekte Retrovirusstämme kodieren nur für ein Gen
Proteine	Ca. 60% nach Gewicht: Virusstrukturproteine
Lipide	Ca. 35% nach Gewicht: in der Virushülle, stammen von der Zellplasmamembran
Kohlenhydrate	Ca. 4% nach Gewicht, glykosylieren die Virushüllproteine
Physikochemische Eigenschaften	Dichte 1,16–1,18 g/cm^3 in Zucker, 1,16–1,21 g/cm^3 in Caesiumchlorid; empfindlich gegen Lipidlöser, Detergenzien und Hitzeinaktivierung (56°C/60 min)
Morphologie	Sphärisch, von Lipidmembran umhüllt (80–120 nm im Durchmesser), Oberflächenprojektionen (5–15 nm lang, je nach Virussubfamilie), Virusinnenkörper (polyedrisch-rundlich oder langgestreckt-prismatisch) enthält den Ribonukleoproteinkomplex, d.h. das Genom (RNS) komplexiert mit Virusproteinen

von Retroviren wurden auch die viralen und zellulären Onkogene gefunden, deren Aktivierung offenbar einen Schritt im Prozeß der Tumorentstehung darstellt. Retroviren sind nämlich in der Lage, durch (allerdings sehr seltene) Rekombination mit zellulären Onkogenen diese in ihr genetisches Material aufzunehmen, wodurch diese zellulären Onkogene Ende der 70er Jahre identifiziert werden konnten.

In den letzten zwei Jahrzehnten wurde bei onkologischen Untersuchungen am Tiermodell häufig übersehen, daß die Tiere nicht an Tumoren, sondern offenbar an Immunschwächen litten bzw. verstarben. Erst mit dem Auftreten des Lymphadenopathie-Syndroms bzw. des erworbenen Immunmangelsyndroms (acquired immunodeficiency syndrome, AIDS) und der Isolierung des zugrundeliegenden Erregers durch die Arbeitsgruppen Montagnier und Gallo wurde schlagartig offenbar, daß Immunschwächekrankheiten auch nach Retrovirusinfektion des Tieres häufig zu beobachten sind.

Retroviren besitzen eine weitere einzigartige Eigenschaft, die sie mit keiner anderen Virusgruppe teilen. Sie kommen nämlich in der Natur sowohl in exogener wie auch in endogener Form vor. Exogene Retrovirusstämme sind solche, die horizontal von einem Individuum zum anderen innerhalb einer Spezies übertragen werden. Dies ist die klassische Übertragungsart für alle Virusgruppen. Im Gegensatz dazu ist es während der Evolution verschiedenen Retrovirusstämmen gelungen, in die Keimbahn ihres natürlichen Wirtes einzudringen, d.h. Oozyten und Spermienzellen zu infizieren. Dementsprechend werden endogene Retrovirusstämme vertikal von Eltern auf Nachkommenschaft übertragen. Da sie in den Keimzellen vorhanden sind, sind sie auch in allen Zellen eines Individuums am Ende der fetalen Entwicklung präsent. Über mögliche physiologische oder pathognomonische Auswirkungen endogener Retrovirusexpression ist bisher so gut wie nichts bekannt. Es mehren sich in den letzten Jahren die Hinweise, daß beim Menschen ähnlich wie bei fast allen untersuchten Tierspezies endogene Retroviren existieren.

Humane Retrovirusstämme

Es sind derzeit vier Retrovirusstämme des Menschen bekannt.

HTLV-I (humanes T-lymphotropes Virus, Typ I), war das erste, von R.C. Gallo et al. entdeckte humane Retrovirus. Dieses Virus ist in Afrika, der Karibik und im Südwesten Japans weit verbreitet und wird heute als Ko-Faktor in der Ätiologie eines sehr malignen T-Zell-Lymphoms akzeptiert. Wahrscheinlich war das HTLV-I ursprünglich ausschließlich in Afrika beheimatet, zumal man aus der afrikanischen Grünen Meerkatze ein dem HTLV-I sehr ähnliches Virus (STLV-I) isolieren kann. Über die Wege der Ausbreitung dieses Virus in die Karibik und nach Japan kann bestenfalls spekuliert werden.

Das humane T-lymphotrope Virus, Typ II (HTLV-II), ist bisher etwa ein dutzendmal aus Zellen von Patienten mit Haarzell-Leukämie isoliert worden. Da bisher kein gesunder Träger des HTLV-II gefunden wurde, kann man über seine Epidemiologie, seinen Ursprung und seine pathogene Bedeutung nichts aussagen. Wichtig wäre zu wissen, ob HTLV-II auch apathogen persistieren kann bzw. wo sein Reservoir liegt. HTLV-I und -II sind genetisch und damit auch immunologisch miteinander verwandt, d.h. Antikörper gegen einen Virusstamm reagieren partiell mit dem anderen.

Der AIDS-Erreger HIV

Das zuerst von Montagnier et al. beobachtete, einige Monate später auch von Gallo et al. ausführlich beschriebene AIDS-Virus wurde zunächst lymphadenopathie-assoziiertes Virus, Typ 1 (LAV-1), von Gallo et al. als HTLV-III bezeichnet. Aufgrund zwischenzeitlicher Sprachverwirrung mit den Bezeichnungen für den AIDS-Erreger hat man sich kürzlich auf die Bezeichnung „humanes Immundefizienzvirus (HIV)" geeinigt. Die Erreger des Anfang der 80er Jahre beschriebenen AIDS werden jetzt als HIV-1 bezeichnet, weil im Jahre 1985 ein weiterer Erreger für AIDS in Westafrika gefunden wurde, der jetzt HIV-2 genannt wird und der mit HIV-1 nur eine geringfügige serologische Verwandtschaft zeigt. HIV-2 wurde unabhängig von Essex et al. (Boston) und Montagnier et al. (Paris) entdeckt und zunächst HTLV-IV bzw.

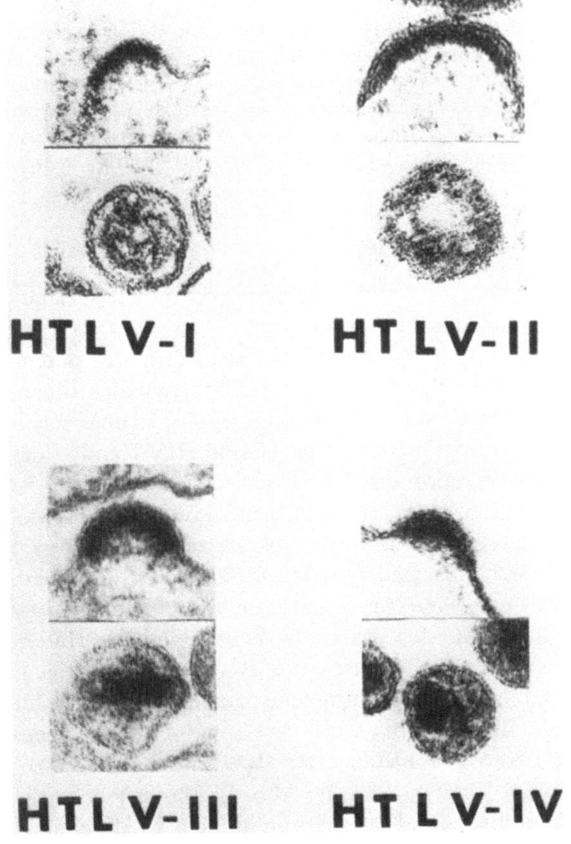

Abb. 1. Elektronenmikroskopische Aufnahmen der vier bisher bekannten humanen T-lymphotropen Retrovirusstämme (× 120000). Die AIDS-Erreger LAV-1/HTLV-III bzw. LAV-2/HTLV-IV werden heute als humane Immundefizienzviren, Typ 1 bzw. Typ 2, bezeichnet (HIV-1, -2). (Die Aufnahme wurde freundlicherweise von Dr. R. C. Gallo, Bethesda, zur Verfügung gestellt)

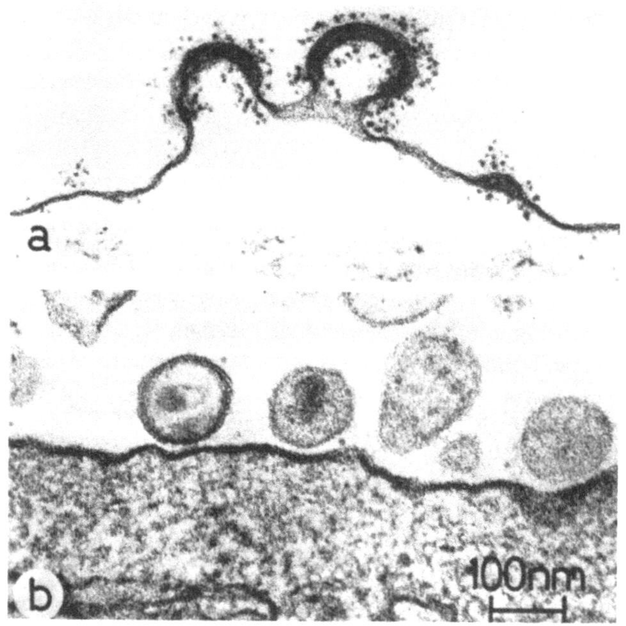

Abb. 2a, b. Knospende (a) und reife HIV-Partikeln (b) in H9-T-Lymphomzellen. (a) Die frühen, an der Zelloberfläche zusammengefügten Virusstrukturen zeigen nach Inkubation mit einem neutralisierenden AIDS-Patientenserum und Anti-human-IgG-Ferritinkonjugat massive Ferritinmarkierung von Virusoberflächenantigenen. (b) Dasselbe Serum reagiert an den reifen HIV nahezu negativ, bedingt durch Spontanverlust von Oberflächendeterminanten (Antigen-shedding). (Aus Gelderblom u. Pauli, 1986, mit freundlicher Genehmigung des R. S. Schulz Verlags, Percha am Starnberger See.) × 100000

LAV-2 getauft. Soweit im nachfolgenden Text nichts anderes erwähnt ist, beziehen sich die Ausführungen auf die Eigenschaften des HIV-1.

In Abb. 1 sind die verschiedenen Morphologien der humanen Retrovirusstämme dargestellt. HTLV-I und -II sind vor allem durch ihren rundlich-polygonalen Innenkörper von HIV-1 (LAV-1/HTLV-III) bzw. HIV-2 (LAV-2/HTLV-IV) zu unterscheiden. Von ihrer Morphologie und ihrer genetischen Struktur sind HIV-1 und -2 der Retrovirussubfamilie der Lentiviren zuzuordnen. Das heißt, daß diese Viren zu chronisch persistierenden Infektionen führen und ihr pathogenes Potential meist erst nach sehr langen Latenzphasen klinisch sichtbar wird. Abb. 2a zeigt das Knospen von HIV-1 von der Oberfläche eines infizierten Lymphozyten, wobei die äußere Virushülle durch mit Ferritin markierte Antikörper dargestellt ist. Abb. 2b zeigt zwei morphologisch „reife" HIV außerhalb der Wirtszelle. Das Fehlen einer intensiven Goldmarkierung dokumentiert hier den Verlust von Virusoberflächenantigen. Abb. 3 zeigt reife HIV-Partikeln, wobei je nach Schnittebene in einigen Viren der für die Lentiviren typische keilförmige Kern sichtbar wird. Aus zahllosen elektronenmikroskopischen Aufnahmen und deren Vergleich mit der Struktur animaler Retroviren wurde ein Modell für das AIDS-Virus entwickelt (Abb. 4). Dargestellt ist die äußere Virushülle mit ihren Knöpfen (das gp120-Hüllprotein), die wiederum mit

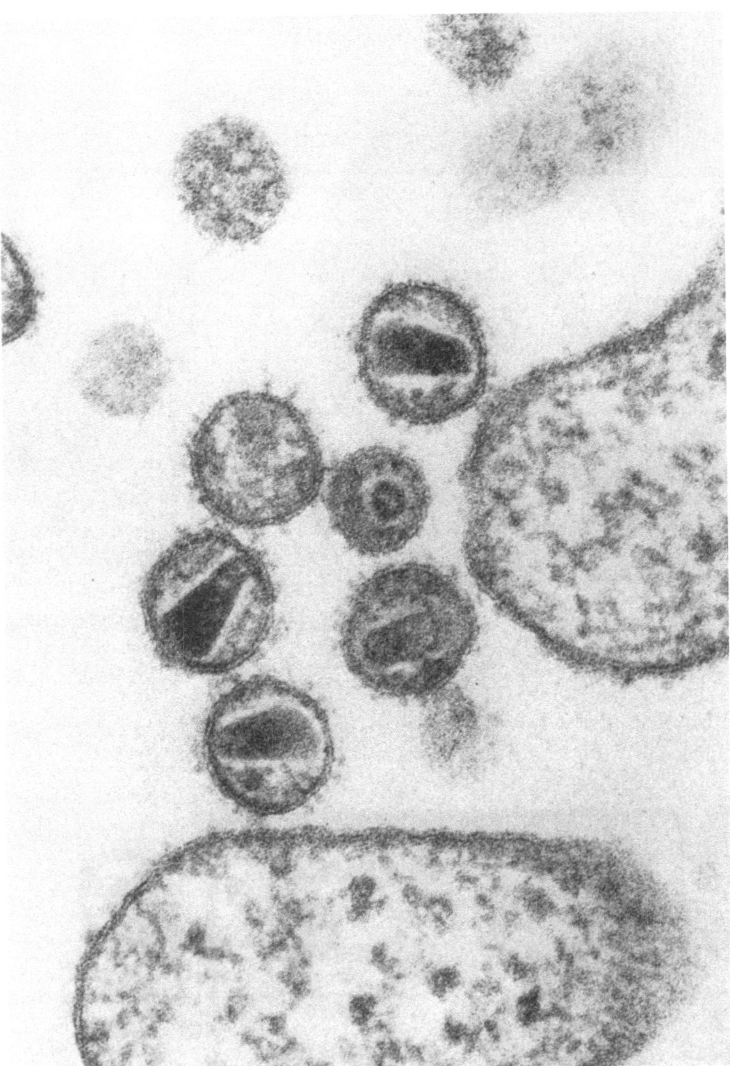

Abb. 3. Reife HIV-Partikeln in der Peripherie einer Lymphomzelle. Wie andere Lentiviren zeigen die Teilchen, je nach Schnittebene, zentrosymmetrische oder tubulär-prismatische Innenkörper und gelegentlich Virusoberflächenfortsätze. × 120000

Hilfe des gp41 locker auf der äußeren Virushülle verankert sind. Innerhalb einer inneren Proteinschicht ist schließlich der langgestreckt-prismatische Innenkörper dargestellt, der einen Ribonukleoproteinkomplex umschließt, d.h. den Komplex von Virusproteinen mit viraler RNS. Die Spiralkugeln in Abb. 4 sollen Moleküle der Reverse-Transkriptase darstellen, die in geringer Zahl vom Virus in die zu infizierende Zelle mitgenommen werden.

Bei der Betrachtung des Vermehrungszyklus eines Retrovirus sind einige typische Eigenschaften von Retroviren darstellbar (Abb. 5). Das Virus absorbiert zu-

Abb. 4. Modell des HIV-1 nach Gelderblom. (Mit freundlicher Genehmigung des Spiegel-Verlags, Hamburg)

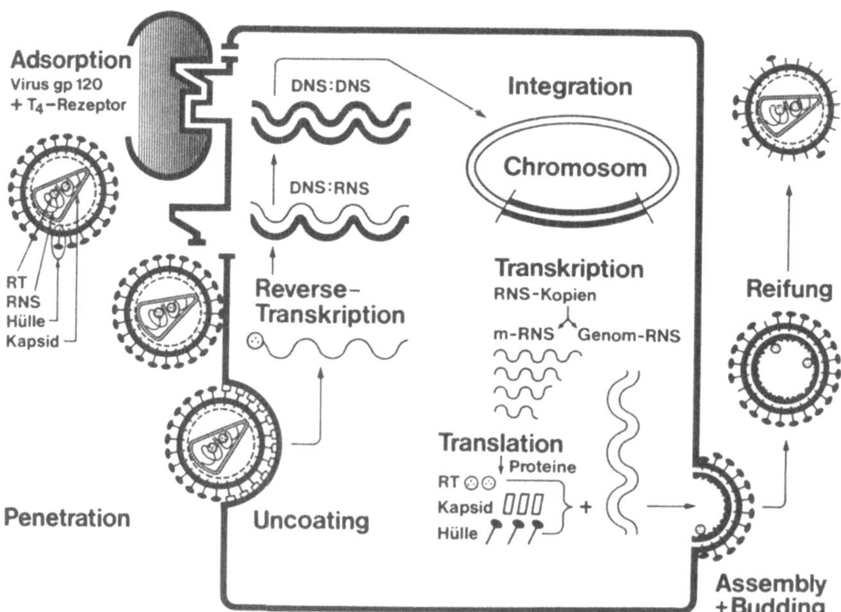

Abb. 5. Lebenszyklus eines Retrovirus (wegen Einzelheiten s. Text). (Schema aus Gelderblom u. Pauli, 1986, mit freundlicher Genehmigung des R. S. Schulz Verlags, Percha am Starnberger See)

nächst an zelluläre Oberflächenrezeptoren, im Fall von HIV-1 entweder an den T_4-Rezeptor selbst oder an einen Rezeptor, der mit T_4 entweder assoziiert ist oder ihm sehr eng benachbart liegt. Nach erfolgreicher Adsorption kommt es zur Penetration und zum Verlust der äußeren Virushülle („uncoating"), beides Prozesse, über die bisher wenig bekannt ist. Innerhalb des Zytoplasmas einer infizierten Zelle wird als erster Nachweis der Infektion die virale RNS darstellbar (z.B. durch radioaktive Markierung), und die mitgebrachten Moleküle an Reverse-Transkriptase schreiben die RNS über ein RNS:DNS-Hybrid schließlich an eine doppelsträngige DNS (= Provirus) um.

Damit wird das genetische Material der Retroviren stabilisiert gegenüber abbauenden Einflüssen (Nukleasen). Bei der Untergruppe der Lentiviren liegt diese DNS oftmals ringförmig geschlossen im Zytoplasma vor und kann dort persistieren, andererseits kommt es bei Lentiviren wie bei allen anderen Retroviren auch zur chromosomalen Integration der doppelsträngigen viralen DNS in irgendein Chromosom der Wirtszelle. Es gibt keine spezifischen Integrationsorte für Retroviren. Von den DNS-Proviren wird durch Transkription neue RNS hergestellt, die einerseits wiederum als genomische RNS für neue Viruspartikel dient, andererseits als Boten-RNS zur Translation viraler Proteine eingesetzt wird. Retroviren vermehren sich typischerweise durch Knospen in bzw. unterhalb der Plasmamembran der infizierten Zelle (Abb. 2). Dieser Knospungsprozeß („budding") ist so charakteristisch, daß ein erfahrener Elektronenmikroskopiker anhand dieser Struktur Retroviren relativ leicht differenzieren kann. Extrazellulär kommt es schließlich noch zur morphologischen Reifung der Retroviren, wahrscheinlich bedingt durch proteolytische Spaltung von Virusvorläuferproteinen in ihre Endprodukte.

Die Betrachtung des Replikationszyklus eines Retrovirus erleichtert das Verständnis für die molekularen Grundlagen seiner Persistenz. Wie bereits erwähnt, integrieren sich die retroviralen Proviren in Form ihrer doppelsträngigen DNS irgendwo in ein Chromosom der Wirtszelle. Damit können die Viren persistieren, die Zelle hat keine Möglichkeit, selektiv die virale DNS wieder zu entfernen. Neben der Persistenz kommt es bei Retroviren leicht zu Latenzsituationen, da es besonders bei der Untergruppe der Lentiviren der Zelle normalerweise gelingt, die Virusexpression, d.h. die Virusvermehrung, so lange zu unterdrücken, bis sich die Wirtszelle selbst teilen und möglicherweise weiter ausdifferenzieren muß. Ähnlich wie bei Herpesviren muß man heute davon ausgehen, daß jedes von exogenen Retrovirusstämmen infizierte Individuum lebenslang Virusträger bleibt, selbst wenn die Virusvermehrung im Organismus über längere Zeiträume unterdrückt werden kann.

Ursprung des HIV

Der Ursprung von HIV-1 und -2 ist unbekannt. Es bieten sich hierzu gegenwärtig zwei Erklärungsmöglichkeiten an. Zum einen könnten die Viren ein Tierreservoir besitzen, also zoonotisch auftreten. Dagegen spricht, daß einzelne Retrovirusstämme normalerweise strikt speziesspezifisch sind, d.h. in der Natur immer nur aus ein und derselben Spezies zu isolieren sind. Obwohl man bei höheren Primaten Retrovirusstämme findet, die mit HIV-1 und -2 verwandt sind, konnte bisher noch kein Tier entdeckt werden, das tatsächlich HIV-1 oder -2 trägt. Wenn man berücksichtigt, daß Retroviren stets spezifische wirtszellkodierte Rezeptoren benutzen, um in eine Zelle einzudringen, müßte man für eine Zoonose postulieren, daß diese Rezeptoren außer im Menschen auch in einer anderen Spezies vorhanden sind. Insofern ist ein zoonotisches Verhalten der HIV relativ unwahrscheinlich.

Alternativ könnte man postulieren, daß AIDS in der Vergangenheit als Dorfkrankheit wahrscheinlich in Afrika auftrat und über die letzten Jahrhunderte mangels virologischer oder serologischer Nachweismethoden nicht als eigenständige Erkrankung abgrenzbar war. Erst die umfassenden demographischen Umwälzungen in Afrika nach dem letzten Weltkrieg haben es möglicherweise erlaubt, daß HIV aus vorher geographisch eng umgrenzten Gebieten ausbrechen konnte, zunächst in die neu entstehenden Städte Afrikas verbreitet wurde und von dort schließlich seinen zweifelhaften Siegeszug um die Welt antrat. Für beide Erklärungen gibt es bisher keine substantiellen Beweise, beide Erklärungen schließen sich auch gegenseitig nicht unbedingt aus.

Pathogenese

Das Virus konnte bisher aus den in Tabelle 2 aufgeführten Körperflüssigkeiten bzw. Zellen isoliert werden. Epidemiologisch hat wahrscheinlich nur die Übertragung durch Blut, Blutprodukte, Serum sowie durch infizierte Lymphozyten und Makrophagen, die vor allem bei chronischer Prostatitis in hoher Zahl in der Samenflüssigkeit enthalten sind, Bedeutung. Da das Virus bisher nur in wenigen Fällen und mit experimentellen Tricks aus Speichel, Tränenflüssigkeit, Muttermilch und Urin isoliert werden konnte, spielen diese Flüssigkeiten bei der Übertragung praktisch keine Rolle.

Tabelle 2. HIV-1 wurde bisher aus folgenden Zellen und Körperflüssigkeiten isoliert

	Isolierbarkeit
Serum	+
Lymphozyten	++
Makrophagen	++
Samenflüssigkeit	++
Liquor cerebrospinalis	+
Tränenflüssigkeit	±
Muttermilch	±
Schweiß	±
Urin	±

++: einfach und häufig; +: seltener, d.h. nur aus einer Minderheit von Patienten; ±: sehr selten und nur mit experimentellem Aufwand

Resistenz gegenüber Infektionen

Es ist auffällig, daß mindestens 50% der regelmäßigen Sexualpartner HIV-infizierter Personen bisher uninfiziert blieben. Eine Assoziation zwischen mangelnder Infektion und z.B. HLA-Haplotypen ist nicht bekannt. Es ist also noch nicht absehbar, ob in einer gewissen Frequenz, wie beim Tier nachgewiesen, eine genetische Resistenz gegen HIV vorliegen kann. Die Grundlagen der genetischen Resistenz gegen Retroviren sind in einigen Tiermodellen gut ausgearbeitet worden. Beispielsweise kann die Resistenz auf der Abwesenheit des zellulären Virusrezeptors beruhen, d.h. es gibt Tiere, die für die in dieser Spezies vorhandenen Virusstämme keinen Zellrezeptor besitzen und deshalb nicht infiziert werden können. Bei Tieren wurde auch eine intrazelluläre Blockade der Umschreibung der viralen RNS in DNS beschrieben, deren molekulare Ursache nicht geklärt ist, die sich jedoch vererbt. Sicherlich ist auch eine erfolgreiche Übertragung abhängig von der Größe und der Eintrittspforte des Inokulums, wie wiederum in Tiermodellen gezeigt werden konnte.

Tabelle 3. Tropismus von HIV-1

Zellen	Nachweis von Viren oder Virusantigenen	Vermehrung in	
		normalen Zellen	transformierten Zellen
Humane Zellen			
CD_4^+-T-Lymphozyten	+	+	+
CD_8^+-T-Lymphozyten	–	–	–
B-Lymphozyten	+	–	+
Monozyten/Makrophagen	+	+	+
Follikuläre dendritische Retikulumzellen	+	–	
Langerhans-Zellen	+	+	
Gitterzellen	+	+	
Mikrogliazellen	+	+	
Animale Zellen			
Lymphozyten von Schimpansen, Pavianen und Rhesusaffen	+	+	
Lymphozyten anderer Primaten	–	–	
Lymphozyten oder Fibroblasten von Nagern	–	–	–
CD_4^+-transfizierte Zellen			
Mensch			+
Maus			–
CD_4^+-Maus/Mensch			–
Zellhybride			–

Tropismus

Wahrscheinlich ist das T_4^+ (CD_4^+)-Antigen selbst der Rezeptor für das HIV. Dementsprechend können alle Zellen mit diesem Differenzierungsantigen infiziert werden, in erster Linie die Helfer/Induktor-Lymphozyten sowie Zellen aus der Monozyten/Makrophagen-Reihe.

Die Monozyten/Makrophagen werden auch verantwortlich gemacht für das Verschleppen des Virus in das Gehirn, wo Makrophagen als Gitterzellen perivaskulär gehäuft auftreten. Weiterhin infizierbar sind die follikulären dendritischen Retikulumzellen in Lymphknoten sowie die Langerhans-Zellen der Haut, die beide T_4-Differenzierungsantigene exprimieren. HIV wurde auch in einzelnen Speicheldrüsenzellen nachgewiesen, was offenbar die Ursache ist für die Möglichkeit der Virusisolierung aus Speichel. Im Laboratorium konnten darüber hinaus Epstein-Barr-Virus-transformierte B-Lymphozyten infiziert werden. Es ist nicht bekannt, ob die Mikroglia des Gehirns direkt infiziert werden kann oder ob die zerebralen Symptome bei AIDS-Kranken eine Konsequenz der Infektion zerebraler Makrophagen darstellt.

Wie in Tabelle 3 gezeigt wird, muß es nach der Bindung mit HIV an den T_4-Rezeptor noch einen intrazellulären Block der Virusvermehrung geben. Transfiziert man das Gen für T_4 in Mauszellen, so wird der T_4-Rezeptor auf der Zelloberfläche exprimiert, und das HIV-Virus bindet. Dennoch kommt es nicht zur Etablierung einer produktiven Infektion. Vorläufige Untersuchungen im Laboratorium von R. A. Weiss (London) zeigen, daß das Virus nach Bindung nicht internalisiert werden kann. Die molekulare Natur dieses Blocks, der auch bei Hybriden aus Maus- und Menschenzellen mit exprimierten T_4-Rezeptoren gesehen wird, ist nicht bekannt.

Die infizierte Zelle

Wie bereits oben erwähnt, gehört HIV aufgrund seiner Morphologie und seiner genetischen Struktur zur Untergruppe der Lentiviren. Nach Infektion werden Lentiviren normalerweise von der Zelle in ihrer Expression unterdrückt, bis es zur Zellaktivierung und Zelldifferenzierung kommt (Abb. 6).

Als Folge dieser zunächst „schweigenden" Infektion kann es zu langen Latenzphasen kommen, das Virus persistiert und unterläuft somit die akute Immunabwehr. Aktivierung der Zellen durch Mitogene oder Antigene führt dann zu einem späteren Zeitpunkt zu Zellteilung und Virusreplikation. Wenn man sich vor Augen hält, daß in vivo immer nur wenige Zellen auf einen spezifischen antigenen Stimulus reagieren, wird offenbar, daß viele infizierte Lymphozyten aufgrund ihrer mangelnden Aktivierung persistent infiziert bleiben und zu einem späteren Zeitpunkt die Ursache für eine erneute Virämie sein können.

Es ist bisher unverständlich, warum bei HIV-infizierten Patienten die Zahl der T_4-positiven Lymphozyten stark abnimmt, obwohl Untersuchungen gezeigt haben, daß zu einem gegebenen Zeitpunkt selbst bei schwerkranken Patienten nur eine von etwa 10000 T_4^+-Zellen das Virus exprimiert. Unerklärlich ist, warum aus dem Kno-

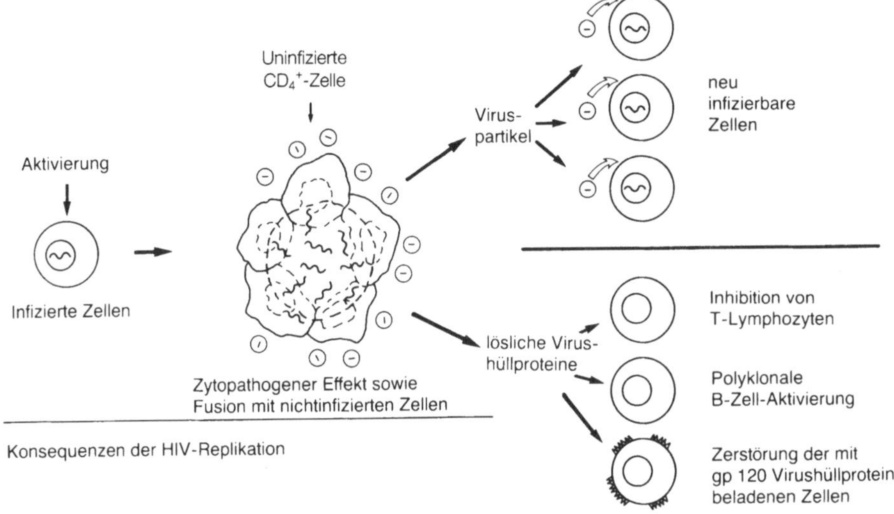

Abb. 6. Aktivierung HIV-infizierter Lymphozyten führt sowohl zur Expression von Virusproteinen auf der Zelloberfläche mit nachfolgender Fusion mit anderen infizierten und uninfizierten Zellen als auch zur Virusreplikation und Infektion neuer Zellen

chenmark nicht neue T_4-positive Zellen peripher ausreifen, wie es von anderen Erkrankungen, z.B. der chronischen Miliartuberkulose, bekannt ist. Für dieses Paradoxon bieten sich derzeit zwei Erklärungsmöglichkeiten an. Zum einen ist bekannt, daß die follikulären dendritischen Retikulumzellen der Lymphknoten relativ früh im Krankheitsgeschehen infiziert und zerstört werden können. Möglicherweise ist dadurch die Reifung von potientell T_4-positiven Helfer/Induktor-Lymphozyten entscheidend gestört. Zum anderen ist bekannt, daß das äußere Hüllprotein des HIV, das gp120, als Fusionsprotein wirken kann. Durch Verknüpfung benachbarter T_4-positiver Zellen über das gp120 kommt es offenbar zur Synzytienbildung. Infizierte Synzytien können zwar noch Virus vermehren, sind aber selbst nur noch für begrenzte Zeitspannen lebensfähig. Das gp120 dissoziiert sehr leicht von der Hülle des Virus (Abb. 2a, b) und kann auch als freies Antigen im Serum zirkulieren. Deshalb ist denkbar, daß das gp120 auf ein und derselben Zelle benachbarte T_4-Rezeptoren verknüpft, was zur Immobilisierung der Zellplasmamembran führen würde und damit zum Zelltod.

Zellfusionen bzw. Synzytienbildungen im Lymphknoten sind wahrscheinlich ebenfalls hinderlich bei der Reifung hämatopoetischer Stammzellen sowie für die Antigenpräsentation in Lymphknoten.

Immunantwort und Pathogenese

Alle HIV-Proteine sind immunogen (s. Beitrag von Doerr et al. in diesem Buch). In den letzten 3 Jahren haben sich die Hinweise für eine antivirale Immunantwort deut-

Tabelle 4. Hinweise für eine antivirale Immunantwort in HIV-infizierten Personen

1. Existenz virusneutralisierender Antikörper
2. Existenz virusbindender Antikörper
3. Lange Latenzphasen
4. Stabile klinische Phasen
5. Langzeitinfizierte Personen ohne Erkrankung
6. Schwieriger bzw. erfolgloser Virusnachweis nach Infektion bzw. in frühen Erkrankungsphasen
7. Keine Hinweise auf Überinfektionen
8. Entwicklung von Virushüllvarianten nur in vivo

lich gemehrt (Tabelle 4). Der nur geringe Titer neutralisierender Antikörper ist schwer erklärbar. Zum einen mag es einen trivialen Grund haben, daß nämlich die derzeit zur Verfügung stehenden Testsysteme zum Nachweis der Neutralisierung zu insensitiv sind, zum anderen kann der geringere Titer daran liegen, daß HIV wie auch andere Lentiviren in der Lage sind, im Laufe von Monaten ihre Hülle zu variieren, so daß sich die humorale Immunabwehr ständig den Virusvarianten anpassen muß. Andererseits haben Verlaufsstudien an einzelnen Patienten gezeigt, daß im klaren Gegensatz zur Situation bei Influenzaviren es nicht zu drastischen Veränderungen im genetischen Material eines HIV-Stammes eines Patienten kommt. Es gibt individuelle immunologische Adaptationen, die bestenfalls mit dem genetischen Drift bei Influenzaviren vergleichbar sind. Interessant ist in diesem Zusammenhang die Beobachtung, daß bei Personen mit multiplen Expositionen gegen HIV im Organismus doch stets nur eine Variante vorherrschend ist, als ob eine Interferenz die Überinfektion mit weiteren Virusstämmen verhindert.

Es mehren sich ebenfalls die Hinweise, daß die zelluläre Immunabwehr die Auswirkungen der Infektion einzugrenzen versucht. Schon früh nach der Infektion kommt es zu einem Anstieg der $CD_8{}^+$-Lymphozyten, wobei noch nicht geklärt ist, ob diese Lymphozyten spezifisch gegen HIV-infizierte Zellen gerichtet sind. Nachgewiesen wurden kürzlich auch HLA-Klasse-I-restringierte zytotoxische T-Lymphozyten mit Spezifität für HIV. Durch die In-situ-Anfärbungen von Lymphknotenschnitten konnte gezeigt werden, daß $CD_8{}^+$-T-zytotoxische Zellen an der Zerstörung der follikulären dendritischen Retikulumzellen beteiligt sind.

Ebenfalls beschrieben wurden in der Frühphase der Infektion lymphokin-aktivierte Killerzellen.

Wir haben unlängst herausgefunden, daß der Verlust der HIV-spezifischen T-Zellproliferation als prognostischer Marker dienen kann. Verlust der Stimulierbarkeit führt normalerweise in wenigen Wochen zu einer Verschlechterung des Krankheitsbildes. Als Erklärung könnte dienen, daß HIV-spezifische Zellen in de facto selbstmörderischer Manier sich auf HIV-Partikel oder infizierte Zellen stürzen und diese sowie sich selbst zerstören. Damit kommt es jedoch gleichzeitig zu einer Verarmung der HIV-spezifischen $CD_4{}^+$- sowie $CD_8{}^+$-Lymphozyten. Möglicherweise kann die Elimination HIV-spezifischer Lymphozyten auch verantwortlich gemacht werden für die Abnahme von antiviralen Antikörpern, vor allem des Anti-p24-Antikörpers, die im Spätstadium der Erkrankung häufig sichtbar wird. Die Persistenz von Anti-gp120-Antikörpern auch im Spätstadium der Erkrankung könnte dann als

Folge einer frühen Immunantwort gegen HIV interpretiert werden, die vor der Varianzentwicklung und vor der Zerstörung der für die Antikörperinduktion notwendigen CD_4^+-Helfer/Induktor-Lymphozyten einsetzte.

Prognose

Nach unseren Beobachtungen ist der Verlust der T-Zell-Stimulation durch HIV-Antigene der bisher verläßlichste Marker für prognostische Aussagen. Nur in einem Teil der Patienten können wir das Verschwinden der Anti-p24-Antikörper im Spätstadium der Erkrankung erkennen. Von anderer Seite ist beschrieben worden, daß der Verlust der Fähigkeit zur In-vitro-Synthese von Gamma-Interferon durch stimulierte Lymphozyten ein weiteres Zeichen für eine Verschlechterung des Krankheitsbildes darstellt.

Modell der Pathogenität

Es ist bekannt, daß die akute Infektion mit HIV zunächst zu einem unspezifischen, grippeähnlichen Syndrom führt, das meistens übersehen wird.

Bei den gesunden Virusträgern sind sicherlich zunächst nur wenige CD_4^+-positive Zellen infiziert. Der Infizierte ist Virusträger und für andere kontagiös, häufig ohne es zu wissen. Nach antigenspezifischer Aktivierung der T-Lymphozyten sowie unspezifischer Monozytenstimulation kommt es zu schrittweisen Replikationen, mit denen die humorale und zelluläre Immunabwehr aber normalerweise noch fertig wird. Multiple Infektionen, vor allem auch durch chronische Krankheitserreger wie z. B. Hepatitisviren oder Malaria etc. in Afrika, führen zu einer überdurchschnittlich intensiven und langdauernden Stimulation der Immunabwehr, so daß es in den dermaßen aktivierten Zellen vermehrt zur HIV-Replikation kommt. Nach unterschiedlichen Zeiträumen, die in Einzelfällen länger als 10 Jahre sein können, wird schließlich die Immunabwehr durch die schleichende Lyse der dafür notwendigen Zellen nach und nach dekompensiert. Es kommt im Verlauf dieser zyklischen Virusvermehrungen zu direkten, durch die Virusinfektion bedingten zytopathogenen Effekten auf die infizierten Zellen, außerdem zum „Selbstmord" der HIV-spezifischen Zellen der Immunabwehr, schließlich zu einem indirekten zytopathogenen Effekt nach gp120-Absorption an die Zelloberflächen, wodurch neben der Fusionseigenschaft des gp120 diese Zellen auch als fremd erkannt und immunologisch angegriffen werden. Gleichzeitig erfolgt die Zerstörung der follikulären dendritischen Retikulumzellen, so daß es zu Störungen in der Antigenpräsentation sowie in der Reifung neu synthetisierter hämatopoetischer Zellen kommt, mit der Konsequenz, daß nicht ausreichend neue T_4-positive Lymphozyten gebildet werden können.

Aufgrund unseres derzeit noch mangelnden Kenntnisstands muß vieles des eben Gesagten hypothetisch bleiben. Deutlich wird jedoch, daß die Immunpathologie der HIV-Infektion derzeit eine große Herausforderung in der AIDS-Forschung darstellt.

Ausblick

Die überraschend schnelle Ausbreitung der Infektion mit HIV-1 in vielen Ländern der Erde hat auch die Fachleute überrascht. Da derzeit weder ein effektives Chemotherapeutikum noch eine Immunprophylaxe auch nur in Sicht sind, kann allein eine Veränderung sexueller Verhaltensweisen die weitere Ausbreitung dieser Virusinfektion verlangsamen. Es ist offensichtlich, daß massive Investitionen in die gesundheitliche Aufklärung der Bevölkerung sowie in die Forschung eine Voraussetzung für den Versuch sind, diese neue Infektion einzugrenzen. Diese Anstrengungen müssen vor dem Hintergrund erfolgen, daß mit dem HIV-2 ein zweites Virus, das nach übereinstimmender Meinung der damit befaßten Fachleute ebenfalls eine AIDS-ähnliche Erkrankung hervorrufen kann, sich derzeit nach Westeuropa ausdehnt. Für HIV-2 sind zunächst einmal neue serologische Nachweismethoden zu etablieren, um das Ausmaß des Durchseuchungsgrads in der Bevölkerung erfassen zu können. Hinsichtlich der zwangsläufig sehr teuren Forschungsförderung ist allerdings zu erwarten, daß die intensive Erforschung der HIV-Stämme und der durch sie ausgelösten Erkrankungen auch zu neuen Erkenntnissen auf den Gebieten der Immunologie und der Krebsforschung führen werden und daß diese Investitionen sich letztlich über die erstrebte Eindämmung der Infektion bzw. der Krankheit mehr als bezahlt machen werden.

Literatur

Gelderblom H, Pauli G (1986) LAV/HTLV-III: Vergleich mit anderen Retroviren und Einordnung in die Subfamilie der Lentivirinae. AIDS-Forschung (AIFO) 1:61–72

Kurth R (1986) Das erworbene Immunmangelsyndrom, AIDS. In: Brandis H, Pulverer G (Hrsg) Medizinische Mikrobiologie. G Fischer, Stuttgart New York

Kurth R, Werner A, Barrett N, Dorner F (1986) Stability and inactivation of the human immunodeficiency virus (HIV): A review. AIDS-Forschung (AIFO) 1:601–608

Seligmann M, Chess L, Fahy JL (1984) AIDS. An immunologic reevaluation. N Engl J Med 311: 1286–1292

Werner A, Wondrak E, Kurth R (1986) Ansätze zur Chemotherapie und Immunprophylaxe (Impfung) der LAV/HTLV-III Infektion. In: Helm EB, Stille W, Vanek E (Hrsg) „AIDS II". Zuckschwerdt, München

Wong-Staal F, Gallo RC (1985) Human T-lymphotropic retroviruses. Nature 317:395–403

Biologisch unterscheidbare Subtypen von HIV in Blut und Liquor cerebrospinalis von AIDS- und LAS-Patienten mit neurologischer Symptomatik

H. Rübsamen-Waigmann, W. Enzensberger, P.-A. Fischer, W. Kreuz, B. Krackhardt, I. Grosch-Wörner, E. B. Helm und H. von Briesen

Einleitung

Das humane Immundefizienzvirus HIV (= LAV/HTLV III, ARV, AAV) wird heute als den Lentiviren sehr eng verwandt angesehen. Lentiviren stellen eine Untergruppe der Retroviren dar, ihr Name leitet sich von dem langsamen Krankheitsverlauf ihrer Infektionen ab (lentus = langsam). Typisch für diese Erregergruppe sind Viruspersistenz bei gleichzeitiger Antikörperbildung, bedingt durch häufige Mutationen des Virus (Sonigo et al. 1985; Petursson et al. 1976; Haase 1986), und langsam sich entwickelnde Erkrankungen des Immunsystems und anderer Teile des hämopoetischen Systems sowie progrediente neurologische Störungen. Typisch ist auch eine sehr hohe Letalität bei Infektionen mit dieser Virusgruppe.

Der mutmaßliche AIDS-Erreger HIV besitzt neben einer sehr ähnlichen Morphologie viele der biologischen Charakteristika von Lentiviren. Die vorliegende Untersuchung konzentriert sich auch zwei Aspekte der HIV-Infektion, die die Verwandtschaft zu den Lentiviren erneut betonen: die Bildung von Mutanten (Rübsamen-Waigmann 1986c) und das Übertreten von Viren aus der Blutbahn in das Nervensystem.

Nachdem bei AIDS primär die immunologischen Veränderungen erkannt worden waren, zeigte sich in der Folgezeit sehr bald, daß HIV-Infektionen häufig auch mit neurologischen Komplikationen einhergehen. Wenn bei AIDS-Patienten ein organisches Psychosyndrom oder Ausfälle im Neurostatus auftreten, weist dies auf eine solche zerebrale, spinale oder periphere neurologische Beteiligung hin. Neben bestimmten ZNS-Tumoren und opportunistischen ZNS-Infektionen (Toxoplasma gondii, Zytomegalievirus u. a.) war aufgrund der erwähnten Verwandtschaft mit Lentiviren vor allem die Infektion des Nervensystems mit dem HIV selbst für die neurologische Symptomatik ursächlich in Betracht zu ziehen (von Briesen et al. 1986a).

Shaw et al. wiesen als erste durch In-situ-Hybridisierung und Southern-blot-Analyse (Shaw et al. 1985) bei 33% neurologisch auffälligen AIDS-Fällen das Virusgenom sowohl in der grauen als auch der weißen Hirnsubstanz nach. Darüber hinaus ist es inzwischen gelungen, das Virus aus dem Liquor cerebrospinalis anzuzüchten (Rübsamen-Waigmann et al. 1986a; Rübsamen-Waigmann et al. 1986b; Levy et al. 1985; von Briesen et al. 1986a).

Bereits die ersten Frankfurter HIV-Isolate aus Blut fielen durch erhebliche Unterschiede in ihren biologischen Eigenschaften auf. Einige der Isolate induzierten in Lymphozytenkulturen sehr starke zytopathische Effekte (CPE) und vermehrten sich schnell zu hohen Titern, während andere langsam und morphologisch kaum erkennbar wuchsen. Ein solcher langsamer Wuchs war auch bei den ersten Isolaten aus Liquor cerebrospinalis festzustellen (von Briesen et al. 1986a). Die bei Lentiviren (wie Visna) bekannte hohe Mutationsfrequenz (Petursson et al. 1976; Haase 1986; Clements et al. 1980) ließ damit die Frage aufkommen, ob auch HIV ähnlich hohe Mutationsraten hat und ob es charakteristische neurotrope Subtypen des Virus gibt. Ferner stellte sich die Frage, ob alle Varianten aus dem Blut ins Nervensystem eindringen können.

Um die Eigenschaften der sich im ZNS vermehrenden Viren weiter zu studieren, aber auch um nachzuweisen, wie häufig bei den neurologisch auffälligen Patienten Virus im Liquor vorhanden ist, haben wir in der vorliegenden Studie aus 27 AIDS- oder LAS-Patienten die Virusanzucht sowohl aus Liquor cerebrospinalis und, soweit zur Verfügung stehend, auch aus Blut vorgenommen.

Methoden

Isolierung von HIV aus Blut

In allen Fällen wurden Lymphozyten der Patienten nach der Ficoll-Hypaque-Methode isoliert (Boyum 1968), bis zu 3 Tage durch Phytohämagglutinin stimuliert und danach mit peripheren Lymphozyten gesunder Spender ko-kultiviert (Rübsamen-Waigmann et al. 1986a; Rübsamen-Waigmann et al. 1986b; Levy et al. 1985). Der Virusnachweis in diesen Kulturen wurde durch morphologische Veränderungen (zytopathischer Effekt, CPE), Messung der Aktivität des virusspezifischen Enzyms Reverse-Transkriptase (RT) im Überstand der Kulturen und Immunfluoreszenz mit HIV-positiven Referenzseren erbracht.

Isolierung von HIV aus Liquor cerebrospinalis

Frischer Liquor cerebrospinalis wurde sofort nach Lumbalpunktion zu Kulturen von peripheren Lymphozyten gesunder Spender gegeben. Zum Nachweis von nicht-zellgebundenem (freien) Virus im Liquor wurde jeweils eine weitere Kultur angesetzt, die mit Liquor versetzt wurde, der vorher durch ein 0,2-µm-Filter steril filtriert worden war. Diese Ausgangskulturen wurden durch Übertragung auf weitere Kulturen gesunder Lymphozyten mehrfach subkultiviert. Der Virusnachweis erfolgte wie oben angegeben.

Bestimmung der Reverse-Transkriptase (RT)

Die Aktivität wird in Zählimpulsen pro Minute (cpm) pro ml Zellkulturüberstand angegeben und stellt ein ungefähres Maß für die Anzahl der Viruspartikel dar (s. auch Rübsamen-Waigmann et al. 1986a).

Ergebnisse

1. Die Mutationsfrequenz der aus peripherem Blut isolierten Viren

Durch molekulare Klonierung hatte sich bereits nachweisen lassen, daß ein Patient gleichzeitig vier verschiedene Varianten des HIV trug (von Briesen et al. 1986b). Bei erwachsenen Patienten, speziell aus den derzeitigen Risikogruppen, müssen bei Auftreten multipler Varianten jedoch auch sukzessive Infektionen mit verschiedenen Subtypen in Betracht gezogen werden.

Zur näheren Untersuchung der Virusvariabilität wurde daher eine Anzucht aus dem Blut eines 5 Monate alten Säuglings einer HIV-positiven Mutter und der Mutter selbst vorgenommen (Isolate HIV_{D117M} und HIV_{D117K1}, Bertram et al. 1987). Wie aus Abb. 1 ersichtlich, war innerhalb der kurzen Zeit im Kind ein Virus entstanden, das bei vergleichbarer Virusproduktion deutlich weniger zytopathogen wuchs als das Virus der Mutter. Offensichtlich unterliegt das HIV im peripheren Blut sehr häufigen Mutationen, die auch seine biologischen Eigenschaften verändern.

Es stellte sich somit die Frage, ob alle Varianten aus dem Blut auch in das Nervensystem eindringen können oder ob es für das Nervensystem typische HIV-Subtypen gibt. Aus diesem Grund wurde HIV aus dem Liquor neurologisch auffälliger Patienten isoliert und, soweit Material zur Verfügung stand, parallel eine Anzucht aus dem Blut vorgenommen.

2. Die HIV-Isolate aus Liquor cerebrospinalis

Die klinischen Daten, der neurologische Befund und die Ergebnisse der Virusanzucht der in dieser Studie erfaßten Patienten sind in Tabelle 1a und b wiedergegeben.

Von den 27 Patienten gehörten 19 der homosexuellen Risikogruppe an (davon 1 Bisexueller), 2 gehörten zur Risikogruppe der Drogenabhängigen, ein Kind war durch Blutprodukte infiziert worden (bei v. Willebrandt-Syndrom), 4 Kinder waren von positiven Müttern geboren worden, und in einem Fall fehlt eine klare Anamnese. 3 Patienten befanden sich im Stadium 2a, alle anderen im Stadium 2b oder 3 (Brodt et al. 1986). Alle Patienten waren neurologisch auffällig.

Tabelle 2 gibt eine Übersicht über die aus Blut bzw. Liquor isolierten Virustypen von denjenigen Patienten der Tabelle 1, bei denen beide Materialien zur Verfügung standen.

In vielen Fällen waren die Anzuchtergebnisse aus Blut und Liquor ganz offensichtlich unterschiedlich: Bei 8 Patienten konnte Virus sowohl aus dem Blut als auch aus Liquor eindeutig angezüchtet werden. Das Virus aus dem Blut ein und desselben Patienten zeigte jedoch auf Lymphozyten viel häufiger einen guten Wuchs als das Isolat aus dem Liquor (vgl. auch Patienten Nr. 31, 50, 97, 135; Tabelle 1a und b). Neben hohen RT-Werten war das Virus aus Blut für periphere Lymphozyten auch häufig stärker zytopathogen (Abb. 2). Derselbe Trend war auch bei der Gruppe von Patienten zu sehen, bei denen die Anzucht aus dem Liquor wegen der geringen Werte der Reverse-Transkriptase nur als fraglich positiv gewertet werden konnte. Einer dieser Patienten zeigte ein gutwachsendes Virus in der Peripherie, während aus seinem Liquor nur mit Mühe der Virusnachweis gelang.

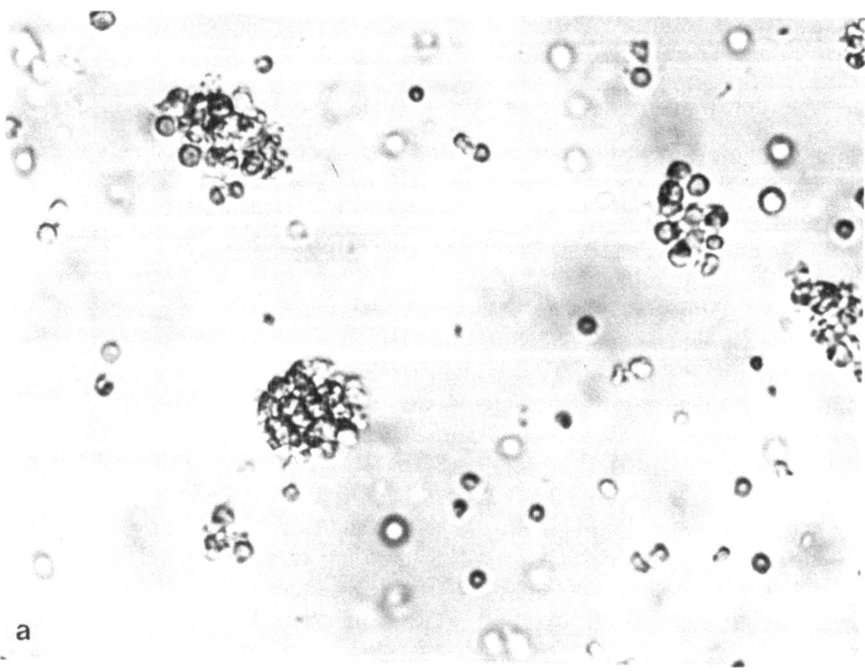

Abb. 1a–c. Mikroskopische Aufnahmen von infizierten und uninfizierten Lymphozytenkulturen. (a) Uninfizierte Lymphozyten mit dem für gesunde, stimulierte Zellen typischen Wachstum in Trauben. (b) Drei verschiedene Ausschnitte aus Aufnahmen einer Lymphozytenkultur 1 Tag nach Infektion mit 10^5 infektiösen Einheiten des Isolats HIV_{D117M} pro 5 ml Lymphozytensuspension. Bei diesem Isolat ist die Verschmelzung der ganzen Lymphozytenkolonie zu einem großen Synzytium typisch, die von mehreren Punkten auszugehen scheint. Im Überstand der Kultur war zu dem Zeitpunkt der Fotografie eine RT-Aktivität von 400000 cpm/ml meßbar. (c) Lymphozyten 6 Tage nach Infektion mit dem Isolat HIV_{D117K1}. Patient 117K1 ist der 5 Monate alte Säugling der HIV-positiven Patientin 117M. Typisch ist hier, daß der CPE wesentlich langsamer entstand und daß im Gegensatz zu dem Isolat aus der Mutter nur sehr kleine Synzytien *(Pfeile)* sichtbar wurden. Im Überstand der Kultur war zu diesem Zeitpunkt eine RT-Aktivität von 280000 cpm/ml meßbar. Bei Übertragung dieses Isolats auf gesunde Lymphozyten dauerte es wiederum 5–6 Tage, bis entsprechende RT-Werte erreicht waren, und die Synzytien waren wiederum sehr klein. (Die Vergrößerung war in allen Fällen 1000fach)

Dieses Ergebnis muß als Hinweis gewertet werden, daß bestimmte Virusvarianten bevorzugt in peripheren Lymphozyten wachsen, während andere das ZNS befallen. Da die genetische Charakterisierung der Liquorisolate noch aussteht, läßt sich derzeit noch nicht sagen, wie groß der Unterschied auf DNS-Ebene zwischen Liquorisolat und Isolat aus dem Blut ist.

Diskussion

Unsere Befunde einer schnellen Mutation und der Existenz verschiedener *biologischer* Varianten des HIV komplementieren die genetischen Ergebnisse unseres und

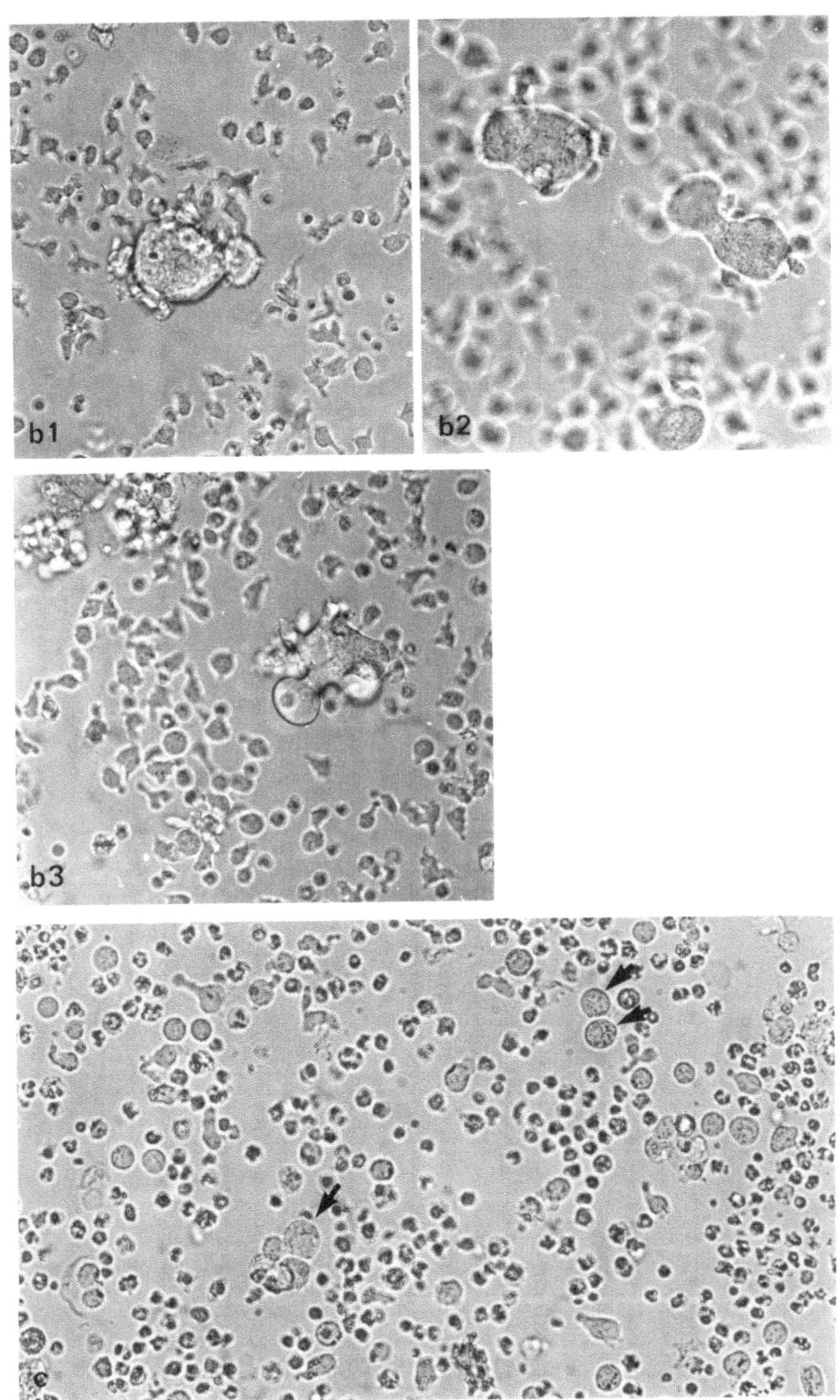
b1
b2
b3
c

Tabelle 1a. Klinische Daten

Nr.	Geschl.	Alter	Risiko	Stadium	Manifestation	Gewichtsabnahme	Helferzellen/ µl Blut	Dauer der Überlebenszeit nach AIDS-Diagnose	Dauer der Überlebenszeit nach LP	Verstorben
35	Männl.	34 J.	Homosexuell	3	ZNS-Toxoplasmose	+	6	1 M.	1 M.	+
31	Männl.	54 J.	Homosexuell	3	PCP, KS, SE	+	35	9 M.	6 M.	+
77	Männl.	28 J.	Homosexuell	2b	SE	0	200	Ø	>9 M.	
79	Männl.	38 J.	Homosexuell	3	ZNS-Toxoplasmose, SE?	+	7	8 M.	7 M.	+
86	Männl.	25 J.	Homosexuell	2a	Meningitis, Polyneuritis	0	580	Ø	>2 M.	?
88	Männl.	39 J.	Drogenabusus	3	SE (progredient)	+	35	7 M.	7 M.	+
85	Männl.	31 J.	Homosexuell	2b[a]	SE	0	50	Ø	>8 M.	
68	Weibl.	25 J.	Drogenabusus	3	Kryptokokkusmeningoenzeph.	0	55	1 M.	1 M.	+
38	Männl.	43 J.	Homosexuell	3	PCP, TBC, Myelitis	0	14	22 M.	7 M.	+
73	Männl.	25 J.	Homosexuell	3	PCP, Herpes analis, Meningitis	+	35	9 M.	8 M.	+
83	Männl.	33 J.	Homosexuell	3	KS, SE	+	64	>16 M.	>2 M.	?
84	Männl.	23 J.	Homosexuell	2a	Meningitis, Polyneuritis	0	514	Ø	>9 M.	
99	Männl.	41 J.	Homosexuell	2b[b]	SE, Polyneuritis	0	13	Ø	>7 M.	
97	Männl.	3 J.	HIV-pos. Mutter	3	LIP, EBV-Pneumonie	+	483–899	>10 M.	>7 M.	
101/107	Männl.	25 J.	Homosexuell	3	SE, PCP, Herpes analis, chr. Meningitis	+	73	>8 M.	>6 M.	
102/108	Männl.	39 J.	Bisexuell	3	SE, Kaposi, PCP	+	100	11 M.	1 M.	+
103	Männl.	?	?	?	?		?	?	?	?
106	Männl.	35 J.	Homosexuell	3	PCP, SE	+	75	5 M.	4 M.	+
109	Männl.	34 J.	Homosexuell	3	PCP, SE	+	11	>9 M.	>7 M.	
111	Weibl.	18 J.	v. Willebrandt	2a	0	0	915	Ø	>6 M.	

114	Männl.	26 J.	Homosexuell	3	SE	?	119	?	>5 M.	
50	Männl.	42 J.	Homosexuell	2b[c]	Myelitis	0	99	Ø	>4 M.	
118	Weibl.	1 J.	HIV-pos. Mutter	[d]	Meningitis	?	2269	Ø	>4 M.	
121	Männl.	41 J.	Homosexuell	3	Kaposi, SE	+	50	8 M.	2 M.	+
122	Weibl.	2 J.	HIV-pos. Mutter	3	Candida-Pneumonie		420	>9 M.	>3 M.	
123	Weibl.	3 J.	HIV-pos. Mutter	2b	Candidiasis	+	341	Ø	>3 M.	
135	Männl.	31 J.	Homosexuell	2b	Klin. Meningitis	+	500	Ø	>1 M.	

[a] Patient Nr. 85 heute Stadium 3: PCP 6 M. nach LP
[b] Patient Nr. 99 heute Stadium 3: ZNS-Toxoplasmose 2 M. nach LP
[c] Patient Nr. 50 heute Stadium 3: PCP 3 M. nach LP
[d] Patient Nr. 118: für Kinder keine gültige Definition des ARC-(bzw. LAS-)Stadiums

Stadium: Stadieneinteilung nach Brodt et al. (1986)

Abkürzungen: PCP: Pneumocystis-carinii-Pneumonie; SE: subakute Enzephalitis; KS: Kaposi-Sarkom; LIP: lymphozytäre interstitielle Pneumonie; LP: Lumbalpunktion; ND: nicht durchgeführt; M.: Monat(e)

Tabelle 1b. Neurologischer Befund und Ergebnisse der HIV-Anzucht

Nr.	Kopf-schmer-zen	Org. Psycho-syndrom	Neurol. Ausfälle	EEG-Verlangs.	Liquorbefund		HIV-Anzucht			
					Zellzahl	Gesamt-Eiweiß	aus Blut		aus Liquor	
							CPE	RT-Aktivität	CPE	RT-Aktivität
35	+	+	+	+	Normal	Erhöht	ND	ND	+	+
31	–	+	–	+	ND	ND	++[f] (2fach)	++	+[g] (2fach)	+
77	–	+	+	+	Erhöht	Erhöht	+	+	+	+
79	–	+	+	+	Erhöht	Erhöht	++	++	++	+
86	+	–	+	–	Erhöht	Normal	+	+	+	+
88	+	+	–	+	Normal	Normal (IgG↑)	+/–	+/–	+/–	–
85	+	+	+	+	Normal	Normal	+/–	–	+/–	+/–
68	+	+	+	ND	Erhöht	Erhöht	++	++	–	–
38	–	–	+	–	Normal	Normal (IgG↑)	+	+	–	–
73	+	+	–	+	Normal	Erhöht	+	+	–	–
83	–	+	–	+	Normal	Erhöht	+	–	–	–
84	+	–	+	–	Erhöht	Erhöht	–	–	–	–
99	–	+	+	+	ND	ND	ND	ND	+/–	–
97	–	–	–	–	Erhöht	Erhöht (IgG↑)	+	++	+	+
101/107	+	+	+	+	Normal	Normal	ND	ND	–	–
102/108	–	+	–	+	Normal	Normal (IgG↑)	ND	ND	+	–
103	?	?	?	?	?	?	ND	ND	–	–
106	–	+	+	+	Normal	Normal (IgG↑)	ND	ND	+	+
109	–	+	+	+	Normal	Normal (IgG↑)	ND	ND	+	–
111	+	–	–	–	Normal	Normal	+	++	–	–
114	–	+	+	+	Erhöht	Erhöht (IgG↑)	+	++	–	–

50	–	–	+	–	ND	ND	+++	++	+	+
118	?	+[e]	+[e]	–	Erhöht	Normal	+/–	–	–	++
121	–	+	+	+	Normal	Normal (IgG↑)	++	++	++	++
122	?	+[e]	+[e]	–	Normal	Erhöht	+	–	+/–	–
123	–	–	–	–	Normal	Normal	++	++	+/–	–
135	+	–	–	ND	Erhöht	Erhöht	+	++	+	+

[e] Frühkindliche neurologische Entwicklungsstörung
[f] vgl. Abb. 2b, c
[g] vgl. Abb. 2d

Neurologischer Befund: + = vorhanden; – = nicht vorhanden; normal = Zellzahl im Liquor bis 12/3 Zellen/µl und Gesamteiweiß bis 0,6 g/l, ansonsten erhöht

HIV-Anzucht: Reverse-Transkriptase (RT): ++ = Enzymaktivität höher als das Zehnfache der negativen Kontrolle (negative Kontrolle = Überstand von uninfizierten Lymphozyten, 900–2000 ^{3}H-cpm/ml Überstand); + = Enzymaktivität hat doppelten bis 10fachen Wert der negativen Kontrolle; +/– = Enzymaktivität geringer als das Doppelte der negativen Kontrolle.
Zytopathischer Effekt (CPE): +++ = schnell entstehender CPE mit klaren großen Synzytien; ++ = deutlich sichtbarer, aber langsam entstehender CPE, Synzytien kleiner; + = CPE transient, nur in wenigen Lymphozytenkolonien Synzytienbildung; +/– = fragliche morphologische Veränderung der Lymphozyten

Abkürzungen: CPE: zytopathischer Effekt; RT: Reverse-Transkriptase; LP: Lumbalpunktion; ND: nicht durchgeführt

Tabelle 2. Vergleich des Wachstums der aus Blut bzw. Liquor isolierten HIV-Varianten auf peripheren Lymphozyten

	Wachstum von HIV aus							
	Blut				Liquor			
	++	+	+/−	−	++	+	+/−	−
Gruppe I:								
8 Patienten mit positiver HIV-Anzucht aus Liquor	6	2			2	6		
Gruppe II:								
5 Patienten mit fraglicher HIV-Anzucht aus Liquor	1		4				5	
Gruppe III:								
7 Patienten mit negativer HIV-Anzucht aus Liquor	3	2	1	1				7

Zur Bestimmung der Aktivität der Reverse-Transkriptase im Überstand der Kulturen wurden in allen Fällen Doppelwerte gemessen

++ = „gutwachsend“: RT-Aktivität höher als das 10fache der negativen Kontrolle
\+ = „schlechtwachsend“: RT-Aktivität hat doppelten bis 10fachen Wert der negativen Kontrolle
+/− = „fraglich“: RT-Aktivität geringer als das Doppelte der negativen Kontrolle

Negative Kontrolle: Überstand von uninfizierten Lymphozyten, 900–2000 ^{3}H-cpm/ml Überstand

Die Klassifizierung „gutwachsend“, „schlechtwachsend“ bzw. „fraglich“ bezieht sich auf die Menge der Viruspartikel im Überstand der Lymphozytenkulturen, gemessen als Aktivität der Reverse-Transkriptase (RT). Die RT-Werte wurden nach 2 und 3 In-vitro-Passagen der Viren bestimmt; gutwachsende Varianten hatten sich in dieser Zeit zu RT-Werten von bis zu 2 Mio. cpm/ml anreichern lassen, während dies bei schlechtwachsenden Varianten auch in nachfolgenden Passagen nicht der Fall war. Die RT-Aktivität war bei diesen Varianten z.T. nur transient.

anderer Labors (Alizon et al. 1986; Shaw et al. 1986). Sie haben durch DNS-Analysen nachgewiesen, daß Viren von AIDS-Patienten aus verschiedenen geographischen Regionen sich erheblich voneinander unterscheiden und daß innerhalb desselben Patienten Mutationen in wenigen Monaten auftreten. Die Analyse eines klonierten Isolats in unserem Labor ergab, daß der Patient gleichzeitig mehrere, sich genetisch erheblich unterscheidende Varianten trug (von Briesen et al. 1986b).

In diesem Beitrag sind primär biologische Unterschiede verschiedener Isolate (d.h. Replikationsfähigkeit, zytopathischer Effekt) dargestellt worden. Diese Unterschiede waren ohne Ausnahme in Subkulturen reproduzierbar (vgl. Legende zu Abb. 1) und sind daher als eine dem jeweiligen Isolat inhärente Eigenschaft zu betrachten.

Ein Vergleich des zytopathischen Effekts verschiedener Stämme ist erst dann möglich, wenn man gleiche Virusmengen in ihrem Einfluß auf die Zellen vergleichen kann. Um auch in den Fällen, in denen die Bestimmung der Infektionsdosis und der Virusproduktion nach Infektion durch Titration des Virus nicht möglich war, dennoch eine grobe Quantifizierung der Viruspartikel durchführen zu können (bei Viren ohne deutlichem CPE), wurde die Aktivität der RT im Überstand der Kulturen bestimmt.

Bei den Isolaten 117M und 117K1 traten Unterschiede in der Morphologie der infizierten Zellen bei vergleichbaren Werten der RT, also bei vergleichbaren Partikelzahlen auf. Diese Unterschiede können daher nicht auf die Dosis des Inokulums oder die Menge der produzierten Partikel zurückgeführt werden, sondern müssen in einer unterschiedlichen Toxizität der viralen Produkte der verschiedenen Isolate für die infizierten Zellen begründet sein. Es erscheint bemerkenswert und unterstreicht die Schnelligkeit der Entstehung viraler Subtypen, daß eine solche biologische Veränderung innerhalb weniger Monate (das Kind der infizierten Mutter war zum Zeitpunkt der Virusisolierung 5 Monate alt) möglich ist.

Die Interpretation der Unterschiede zwischen den Isolaten aus Liquor und Peripherie desselben Patienten ist dagegen schwieriger. In den Fällen, in denen aus dem Liquor nur schlechtwachsende Viren anzüchtbar sind (vgl. Abb. 2, Tabelle 2), kann die verminderte Zytopathogenität der Isolate für Lymphozyten auch auf ihr schlechteres Wachstum, d.h. auf die um dem Faktor 10–1000 geringere Partikelproduktion zurückgeführt werden. Diese Tatsache wiederum ist aber ebenfalls für diese Viren charakteristisch. Es gelang in keinem Fall, durch wiederholte Subkulturen schlechtwachsende Viren biologisch so anzureichern, daß die hohen RT-Werte der Isolate der Peripherie erreichbar wurden. Auch bei der zweifachen, zeitlich durch mehrere Monate getrennten Anzucht aus demselben Patienten (Patient 31), blieb das für die Viren aus dem Liquor und aus der Peripherie jeweils typische Bild konstant. Es muß daher ein Selektionsprozeß postuliert werden, der nicht allen Virussubtypen aus der Peripherie erlaubt, in das ZNS zu gelangen.

Kürzlich wurde nachgewiesen, daß neben den T-Lymphozyten eine weitere wichtige Zielzelle des HIV der Makrophage ist (Nicholson et al. 1986; Salahuddin et al. 1986; Gartner et al. 1986). Es wurde ferner gezeigt, daß verschiedene Virus-Subtypen einen deutlichen Tropismus entweder für Makrophagen oder für Lymphozyten haben. Eine derzeit diskutierte Möglichkeit, wie HIV ins Nervensystem gelangen könnte, besteht im Transport über infizierte Makrophagen. Zwangsläufig würden dabei diejenigen HIV-Subtypen selektioniert, die sich gut auf Makrophagen vermehren, so daß sich damit eine recht zwanglose Erklärung für das unterschiedliche biologische Verhalten der Viren gegenüber Lymphozyten ergibt, je nach dem, ob sie aus Blut oder Liquor isoliert wurden. Zumindest bei den Patienten, bei denen die HIV-Anzüchtung im Liquor gelang, möglicherweise auch bei den fraglich positiven Anzüchtungen, erscheint es gerechtfertigt, das vorliegende klinische Bild einer „subakuten Enzephalitis" als HIV-Enzephalitis anzusprechen. Zwei dieser 18 Patienten, von denen beide auch in der HIV-Anzucht aus dem Liquor positiv waren, hatten als zusätzliche zerebrale Komplikation eine ZNS-Toxoplasmose.

Bei ca. ⅓ der Patienten gelang trotz neurologischer Störungen die Virusanzucht aus dem Liquor nicht. Eine Infektion des ZNS mit HIV war jedoch bei einigen dieser Patienten trotzdem zu vermuten, da im Liquor autochthon produzierte HIV-spezifische Antikörper nachgewiesen worden waren (vgl. auch Beitrag von Doerr et al., in diesem Buch). Autochthon produzierte Antikörper sind jedoch eher bei einem enzephalitischen Verlauf, weniger bei einem rein meningitischen Verlauf zu erwarten, wenn es einen solchen gibt. Es ist denkbar, daß die Virusmengen im Liquor stark schwanken und in einem Teil der Fälle deshalb keine Anzucht gelang, weil sie unter der Nachweisgrenze der Methode lagen. Da fast alle bislang aus Liquor isolierten Viren auf peripheren Lymphozyten relativ schlecht gewachsen sind, könnte sogar

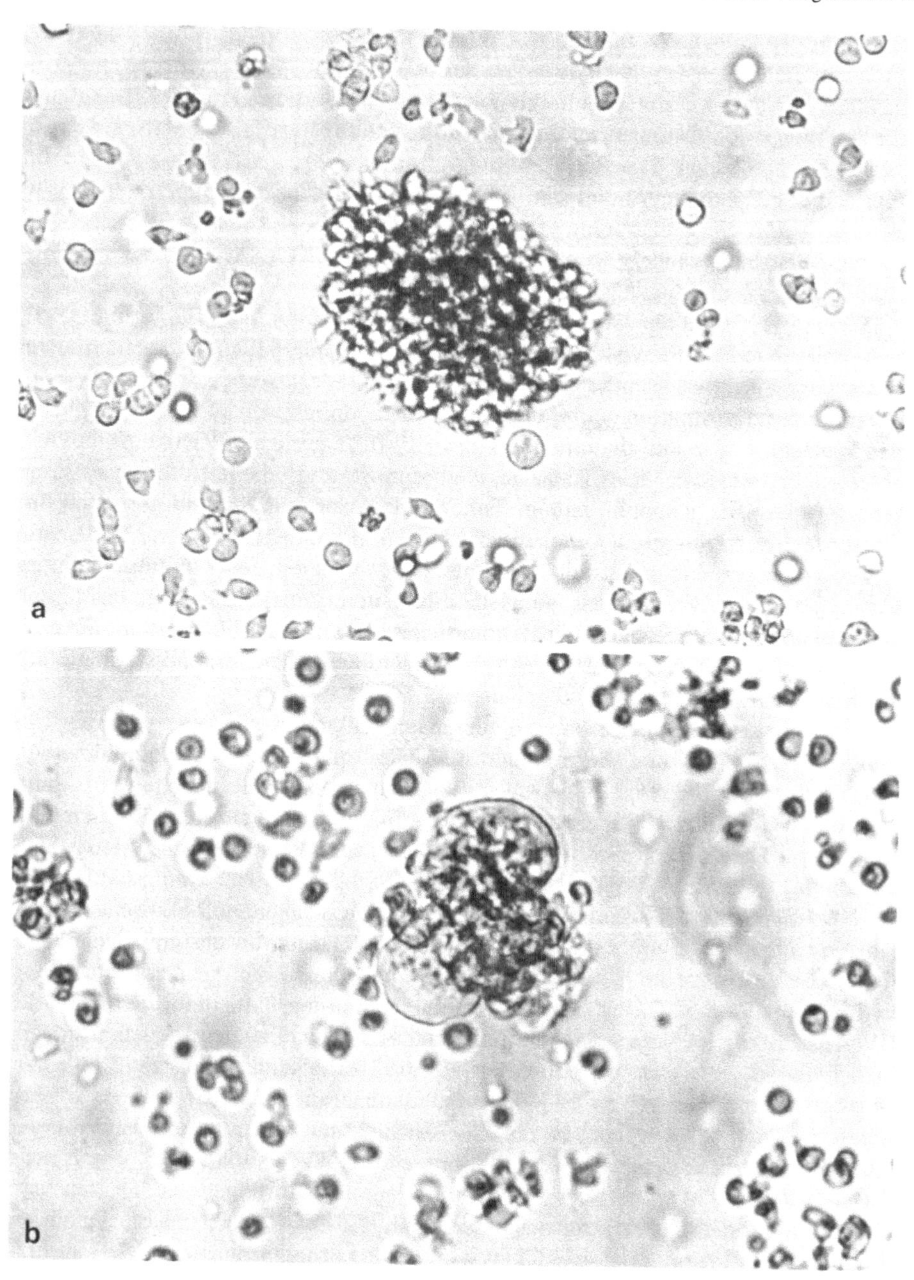

Abb. 2a–d. Mikroskopische Aufnahmen von Lymphozytenkulturen, infiziert mit dem Virusisolat HIV_{D31} und $HIV_{D31(N)}$. Vergleich der Isolate aus Blut und Liquor cerebrospinalis des Patienten Nr. 31. (a) Uninfizierte Lymphozytenkultur eines gesunden Spenders (nach 2 Tagen PHA-Stimulation). (b, c) Stimulierte Spenderlymphozyten 1 Tag nach Infektion mit 10^5 infektiösen Einheiten des Isolats HIV_{D31} (aus Blut) pro 5 ml Lymphozytensuspension. (2. Anzucht; s. auch Tabelle 1b). Die Lymphozytenkolonien sind z. T. schon zu Synzytien verschmolzen. Die RT-Aktivität zu diesem Zeit-

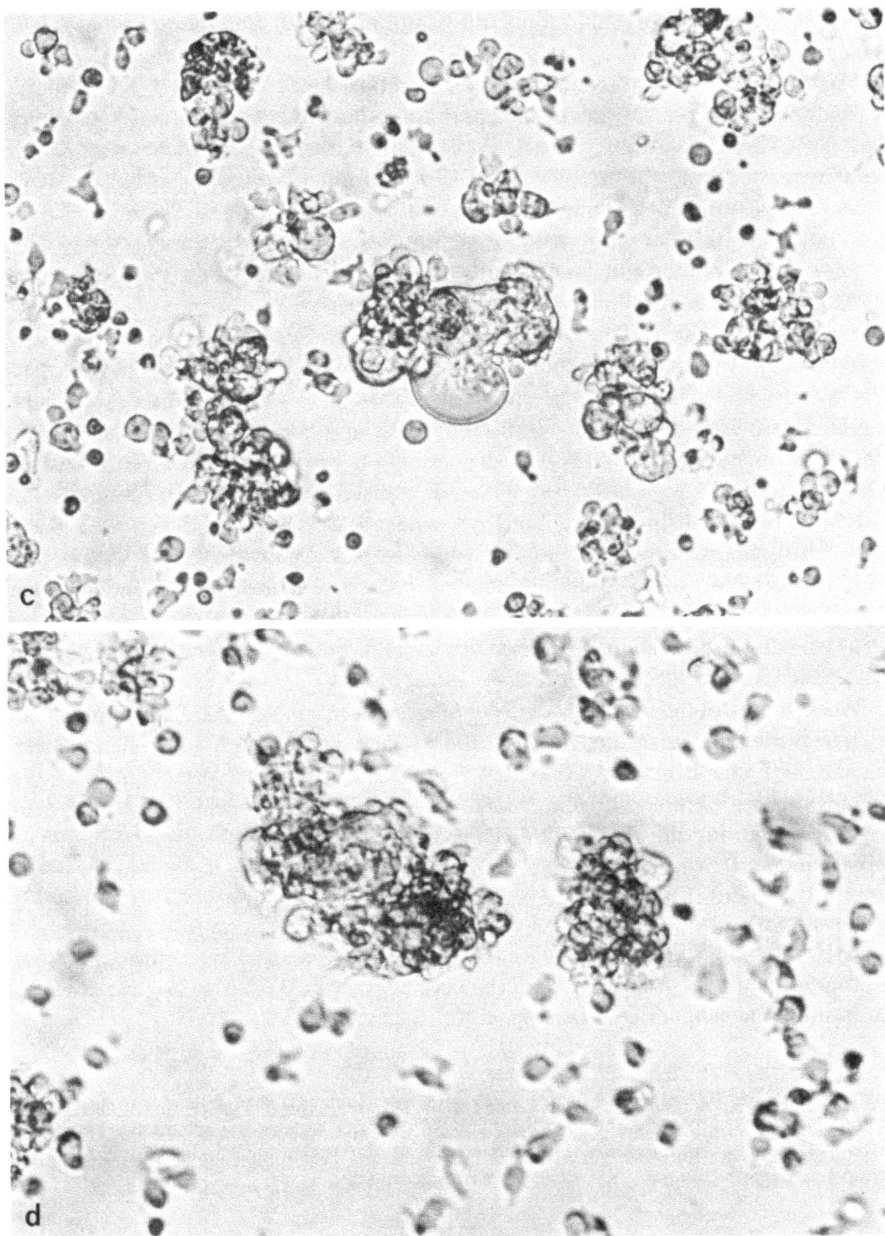

punkt ist größer als 100000 cpm/ml Zellkulturüberstand. (d) Stimulierte Spenderlymphozyten der 2. Subkultur bei der Primärisolierung von $HIV_{D31(n)}$ aus Liquor cerebrospinalis von Patient Nr. 31 (s. auch Methoden). Wie für Liquorisolate typisch, entwickelte die Kultur nur einen schwachen, langsam entstehenden CPE (kleine Synzytien, leichte Verschmelzungen innerhalb der Lymphozytenkolonien). Die maximale RT-Aktivität betrug 6000–8000 cpm/ml Zellkulturüberstand und war nur transient vorhanden. Das Virus ließ sich nicht anreichern. (Vergrößerung 1000fach)

speziell für die Anzucht aus Liquor die Empfindlichkeit der Methode beschränkt sein.

Als weiterer Grund für ein negatives Ergebnis der Virusanzucht bei Patienten mit autochthon produzierten Antikörpern kann die Neutralisation des Virus durch diese Antikörper diskutiert werden. Es ist derzeit allerdings nicht bekannt, ob die Antikörper im Liquor protektiv wirksam sind. Für die peripheren Antikörper ist bekannt, daß sie nur schlecht neutralisieren. Bei Lentiviren wird die Tatsache, daß die Produktion neutralisierender Antikörper mit der Virusmutation nicht Schritt hält, als einer der Gründe dafür angesehen, daß die Infektionen trotz ihres langsamen Verlaufs eine so ungewöhnlich hohe Letalität aufweisen.

Neben der Klärung der Ursache neurologischer Syndrome erlaubt die Virusanzucht im positiven Fall auch eine Typisierung der HIV-Varianten im Liquor. Eine detaillierte genetische Analyse der in dieser Studie gewonnenen Isolate AIDS-assoziierter Retroviren durch Restriktionskartierung und/oder Teilsequenzierung sowie eine Untersuchung ihrer antigenen Eigenschaften wird den Grad ihrer Verwandtschaft zu LAV (bzw. HTLV-III_b) und ARV erweisen. Durch den Vergleich mit Varianten, die nicht im ZNS gefunden wurden, lassen sich möglicherweise neurotrope Viruseigenschaften definieren. Southern-blot-Analysen der DNS aus dem Hirn verstorbener AIDS-Patienten haben jedoch bereits gezeigt, daß jeder Patient ein eigenes charakteristisches Restriktionsmuster des HIV aufweist (Shaw et al. 1986), so daß für die sich im Nervensystem vermehrenden Viren auch mit einem großen Spektrum von Subtypen zu rechnen ist.

Auch bei erfolgreicher HIV-Anzüchtung aus Liquor von AIDS-Patienten muß mit gleichzeitigen, zusätzlichen opportunistischen Infektionen gerechnet werden. Für das klinische Bild der „subakuten Enzephalitis" (SE) ist vor allem das Zytomegalievirus zu berücksichtigen. Wegen der hohen Durchseuchungsrate der deutschen Bevölkerung mit dem Zytomegalievirus ist diese Komplikation häufig zu erwarten und aus Hirnsektionen von AIDS-Patienten bekannt (z.B. Patient 35, unveröffentlichte Daten; von Briesen et al. 1986a). Es ist derzeit ungeklärt, ob opportunistische Infektionen und Tumoren des ZNS auch ohne vorherige Infektion des ZNS mit HIV auftreten können oder ob als Voraussetzung hierfür eine Störung von Immunfunktionen im Nervensystem durch den Eintritt von HIV – analog zur erworbenen Immunschwäche im Organismus – vorangehen muß.

Danksagungen. Wir danken Frau U. Rapp und Frau S. Dohrmann für engagierte und ausgezeichnete technische Assistenz. Diese Arbeit wurde finanziell durch Zuwendungen seitens der Hessischen Landesregierung, des Bundesministeriums für Forschung und Technologie und des Vereins zur Förderung der AIDS-Forschung e.V. (Frankfurt/M.) unterstützt.

Literatur

Alizon M, Wain-Hobson S, Sonigo P, Montagnier L (1986) Molecular analysis of two AIDS virus isolates from Zairian patients. Conference Internationale sur le SIDA, 23.–25.6.1986, Paris. Communication 120:19a

Bertram U, Willems WR, Lampert F, Bauer H (1987) Frühkindliche Cytomegalie-Infektionen in einer Familie mit HIV-Antikörpernachweis. Dtsch Med Wochenschr 112:100–103

Boyum A (1968) Separation of leucocytes from blood and bone marrow. Scand J Clin Invest [Suppl B] 21:9

Briesen H von, Becker WB, Helm EB, Enzensberger W, Fischer PA, Brede HD, Rübsamen-Waigmann H (1986a) Isolierung von AIDS-assoziierten Retroviren (AAV) aus Blut und Liquor cerebrospinalis von AIDS- und LAS-Patienten mit neurologischer Symptomatik. In: Helm EB, Stille W, Vanek E (Hrsg) AIDS II. Zuckschwerdt, München, S 120–125

Briesen H von, Becker WB, Helm EB, Gelderblom H, Brede HD, Henco K, Rübsamen-Waigmann H (1986b) Isolation frequency and growth properties in vitro of HIV-variants. Multiple simultaneous variants in a patient. J Med Virol

Brodt HR, Helm EB, Werner A, Jötten A, Bergmann L, Klüver A, Stille W (1986) Spontanverlauf der LAV/HTLV-III-Infektion. Verlaufsbeobachtungen bei Personen aus AIDS-Risikogruppen bzw. LAV/HTLV-III-Infektionen. Dtsch Med Wochenschr 111:1175–1180

Clements JE, Pedersen FS, Narayan O, Haseltine WA (1980) Genomic changes associated with antigenic variation of visna during persistent infection. Proc Natl Acad Sci USA 77:4454–4458

Gartner S, Markovits P, Markovits DM, Kaplan MH, Gallo RC, Popovic M (1986) The role of mononuclear phagocytes in HTLV-III/LAV infection. Science 233:215–219

Haase AT (1986) Pathogenesis of lentivirus infections. Nature 322:130–136

Levy JA, Shimabukuro J, Hollander H, Mills J, Kaminsky L (1985) Isolation of AIDS-associated retrovirus from cerebrospinal fluid and brain of patient with neurological symptoms. Lancet II: 586–588

Nicholson JKA, Cross GD, Callaway CS, McDougal JS (1986) In vitro infection of human monocytes with human T-lymphotropic virus type III/lymphadenopathy-associated virus (HTLV-III/LAV). J Immunol 137:323–329

Petursson G, Nathanson N, Georgsson G, Panitch H, Palsson P (1976) Pathogenesis of Visna. I. Sequential virologic, serologic and pathologic studies. Lab Invest 35:402–412

Rübsamen-Waigmann H, Becker WB, Helm EB, Brodt R, Fischer H, Henco K, Brede HD (1986a) Isolation of variants of lymphocytopathic retroviruses from the peripheral blood and cerebrospinal fluid of patients with ARC or AIDS. J Med Virol 19:335–344

Rübsamen-Waigmann H, Becker WB, Knoth M, Helm EB, Brodt R, Brede HD (1986b) Varianten in AIDS-assoziierten LAV-HTLV-III-Retroviren. MMW 128:94–96

Rübsamen-Waigmann H (1986c) Mutationen des HIV: Einfluß auf Pathogenität, Wachstumseigenschaften in vitro und in vivo sowie Immunogenität des Virus. AIFO 9:483–487

Salahuddin SZ, Rose RM, Groopman JE, Markham PD, Gallo RC (1986) Human T-lymphotropic virus type III infection of human alveolar macrophages. Blood 68:281–284

Shaw GM, Harper ME, Hahn BH, et al (1985) HTLV-III infection in brains of children and adults with AIDS-encephalopathy. Science 227:177–182

Shaw GM, Hahn BH, Parks WP, et al (1986) Genetic variation of HTLV III/LAV in different patients, in individual patients over time, and in transmission cases of AIDS. Conference Internationale Sur le SIDA, 23.–25.6.1986, Paris. Communication 121:S19b

Sonigo P, Alizon M, Staskus K, et al (1985) Nucleotide sequence of the Visna lentivirus: Relationship to the AIDS virus. Cell 42:369–382

Nachweis von Immunglobulinklassen- und -subklassen-spezifischen Antikörpern gegen HIV

H. W. DOERR, K. MERGENER, W. ENZENSBERGER und H. VON BRIESEN

Einleitung

Die Immunglobulinklassen- und -subklassen-differenzierte Antikörperbestimmung hat sich bei vielen Infektionskrankheiten als ein wertvolles Instrument der schnellen bzw. frühen Laboratoriumsdiagnose bewährt. Das gilt besonders für virale ZNS-Infektionen, wenn es darum geht, Liquorproben auf eine oligoklonale Antikörperproduktion zu untersuchen (Doerr 1986).

Das menschliche Immundefektvirus (HIV) ähnelt den Lentiviren, die bei bestimmten Tieren sog. „slow virus infections" des ZNS mit langsam fortschreitender Degeneration verursachen (Visna-Virus beim Schaf). Die ZNS-Infektion mit HIV beim Menschen ist klinisch meist hinter den immunologischen Störungen verborgen, abgesehen von anderen im Vordergrund der zerebralen Symptomatik stehenden „opportunistischen" Infektionen des Gehirns.

Als erste Zielzelle des HIV im Organismus gilt heute der Makrophage, der die Infektion an verschiedene Zellen des mononukleären-phagozytären Systems (MPS) weitergeben kann (z.B. auch Gliazellen im Gehirn). Man nimmt weiterhin an, daß die für die Induktion der die Antikörper produzierenden B-Lymphozyten wichtigen T_4-Helfer-Zellen nicht nur durch die Virusinfektion, sondern auch durch Autoimmunvorgänge geschädigt werden (Literatur zur Pathogenese s. Doerr et al. 1986). Bei vielen AIDS-Patienten findet man eine deutlich erniedrigte Komplementaktivität im Lysistest (eigene Untersuchungen, unveröffentlicht) als Hinweis auf zirkulierende Immunkomplexe.

Im folgenden berichten wir über das Ergebnis einer Studie, in der wir bei 24 HIV-infizierten Patienten mit und ohne neurologische Symptomatik Immunglobulinklassen- und -subklassen-differenzierte Antikörperbestimmungen mit ELISA und Western-blot-Tests durchgeführt haben.

Probanden und Methoden

Blut- und Liquorproben

Von 24 männlichen homosexuellen Personen im Alter von 16–54 Jahren, die am Lymphadenopathie- oder akquirierten Immundefektsyndrom erkrankten und deshalb ambulant oder stationär in die Universitätsklinik aufgenommen wurden, wurden Blutproben zur Untersuchung auf HIV-Antikörper gewonnen. Von 12 Patien-

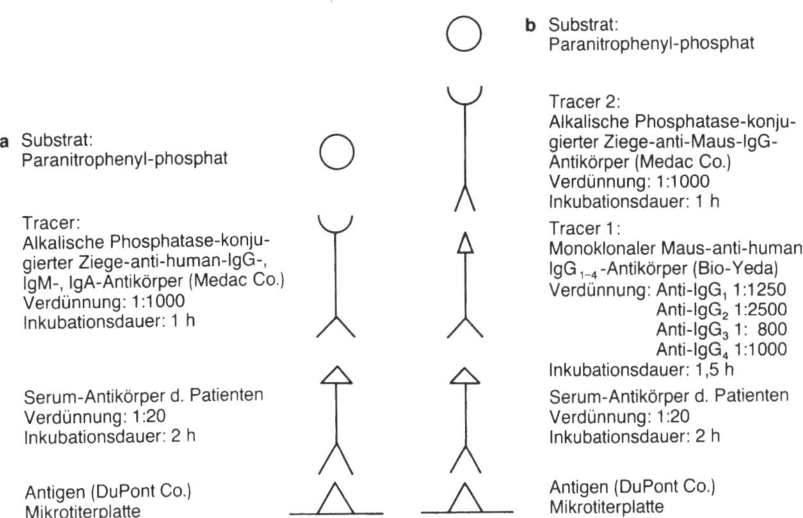

Abb. 1. Testprinzip des indirekten Enzymimmunoassays (ELISA) zum Nachweis von (a) IgG-, IgM-, IgA-, (b) IgG-Subklassen-spezifischen Antikörpern gegen HIV

ten, die klinische Zeichen einer beginnenden Enzephalitis aufwiesen, wurden auch Liquorproben getestet.

Enzymimmunoassay (ELISA)

Der Nachweis der HIV-Antikörper in den Immunglobulinklassen A, G und M erfolgte im indirekten Enzymimmunoassay. Das Testprinzip ist aus der Abb. 1 ersichtlich. Es wurden kommerzielle Reagenzien verwendet. Der Grenzwert wurde neu berechnet aus dem Mittel plus seiner doppelten Standardabweichung von 20 negativen Seren, die von erwachsenen Männern ohne HIV-Risiko stammten. Positive IgM-Antikörpertests wurden nach Rheumafaktorvorabsorption wiederholt (RF-Adsorbens, Behringwerke Co.).

Für die Bestimmung der IgG-Subklassen-spezifischen HIV-Antikörper wurde das System zu einem doppelt indirekten „Sandwich"-Assay erweitert (Abb. 1). Die optimale Konzentration der Reaktanten wurde durch Vortitrationen ermittelt. Dazu wurde menschliches Gamma-Globulin (Beriglobin, Behringwerke Co.) als Antigen eingesetzt: Das Immunglobulin wurde in $\log_{10}$-Stufen (10^{-1} bis 10^{-8}) in die Vertiefungen von M29AR-Mikrotiterplatten adsorbiert (Fa. Greiner). Nach Inkubation bei Raumtemperatur über Nacht wurde mit 5%iger Rinderserumalbuminlösung nachadsorbiert. Alle Serum- und Liquorproben wurden in einer einzigen Verdünnungsstufe von 1:20 getestet. Die Enzymreaktion wurde photometrisch bei lambda = 405 nm ausgewertet (alkalische Phosphatase).

Western-blot-Tests

Diese Tests wurden in ähnlicher Weise wie die Enzymimmunoassays durchgeführt. Das Testprinzip zeigt die Abb. 2. Die optimale Konzentration der kommerziell er-

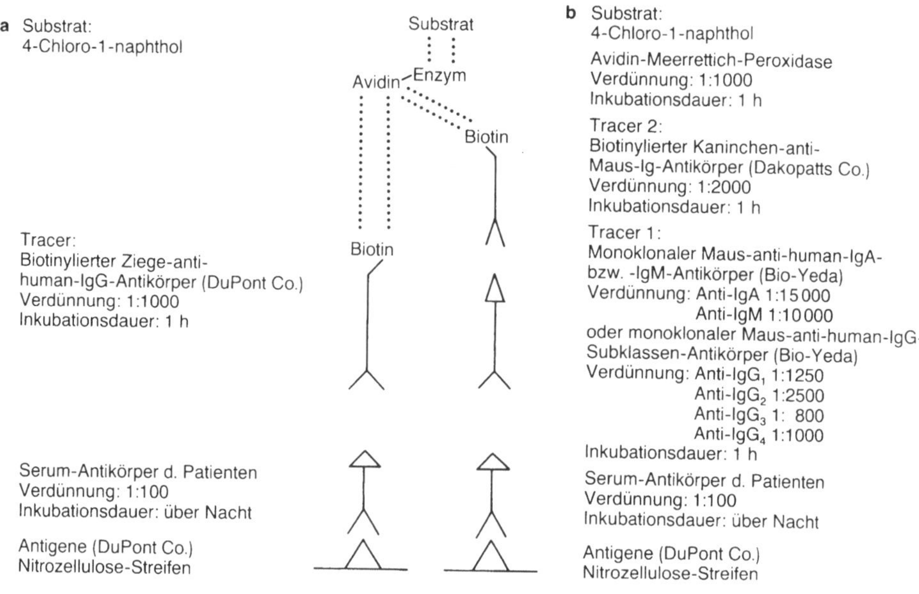

Abb. 2. Testprinzip der Western-blot-Analyse auf (a) IgG-, (b) IgM-, IgA, IgG-Subklassen-spezifische Antikörper gegen HIV

hältlichen Reaktanten wurde in Vortitrationen ermittelt. Die Western-blot-Streifen wurden von der Fa. DuPont zur Verfügung gestellt und weiter bearbeitet. Alle Serum- und Liquorproben wurden in der Arbeitsverdünnung von 1:100 getestet. Bei positivem Ausfall eines IgM-Tests erfolgte seine Wiederholung nach Rheumafaktor-vorabsorption (s.o.).

Weitere Laboruntersuchungen

Als Marker einer Blutkontamination der Liquorproben wurde der IgG-spezifische HSV-Antikörpertest mit dem Enzygnost-System durchgeführt (Doerr et al. 1987).

Ergebnisse

In einem Vorversuch wurde die Sensitivität des IgG-Subklassen-spezifischen ELISA geprüft. Die Abb. 3 zeigt, daß die Testsensitivität grob korreliert mit der quantitativen Verteilung im Blutserum. Sie beträgt nach Skvaril et al. (1985) etwa 74, 22, 3 und 0,6% des Gesamt-IgG für die Subklassen 1–4.

Tabelle 1 schlüsselt die Verteilung der Antikörper gegen HIV bei Patienten mit LAS oder AIDS nach den einzelnen Immunglobulinklassen und IgG-Subklassen auf. Alle untersuchten Personen ($n = 24$) wiesen HIV-spezifische IgG-Antikörper auf. Bei keinem Probanden fanden sich IgM- oder IgA-Antikörper. Diesen Befund hatten wir schon früher bei zahlreichen Routineuntersuchungen erhoben, einschließlich zweier Fälle einer intrauterinen HIV-Infektion. Demgegenüber ließen sich IgM-

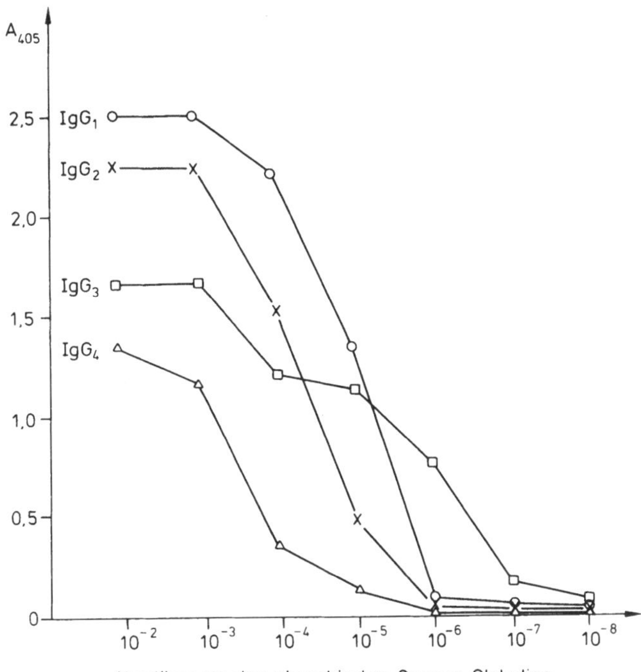

Abb. 3. Sensitivität des IgG-Subklassen-Nachweises im ELISA [auf Mikrotiterplatten adsorbiertes menschliches Immunglobulin (Beriglobin) als Antigen]

Tabelle 1. Inzidenz immunglobulinklassen- und IgG-subklassen-spezifischer Antikörper gegen HIV in 24 Sera von Patienten mit LAS oder AIDS

	IgG	IgG_1	IgG_2	IgG_3	IgG_4	IgA	IgM
ELISA	24 (100%)	24 (100%)	1 (4%)	11 (45%)	2 (8%)	0	0
Western blot	24 (100%)	23 (96%)	1 (4%)	10 (42%)	3 (12,5%)	0	0

Antikörper nachweisen in einem einzigen Patienten, bei dem wir einen signifikanten Antikörpertiteranstieg in mehreren Blutproben bei einer Verlaufsuntersuchung als Zeichen einer akuten Primärinfektion feststellen konnten (Abb. 4).

Die Analyse der HIV-IgG-Antikörper auf die vier Subklassen ergab für alle Patienten eine Immunreaktion im IgG_1, für die Hälfte von ihnen im IgG_3, dagegen nur für zwei bzw. einen im IgG_2 und IgG_4 (Tabelle 1). Die HIV-Polypeptid-spezifische Immunstimulation der IgG_1- und IgG_3-Antikörper wird in der Abb. 5 dargestellt: Während gp120 und p24 besonders immunogen auf die IgG_1-Stimulation wirkt, ist für das IgG_3 das p15/17 offensichtlich ein besonders starkes Antigen. Dagegen fanden sich hier keine Immunreaktionen mit dem p53 und nur schwache Reaktionen mit gp120, pg41 und p31. Im übrigen fällt das Antikörperspektrum gegen die HIV-Polypeptide für beide IgG-Subklassen relativ gleichförmig aus, soweit IgG_3-Antikörper zusätzlich zum IgG_1 erscheinen.

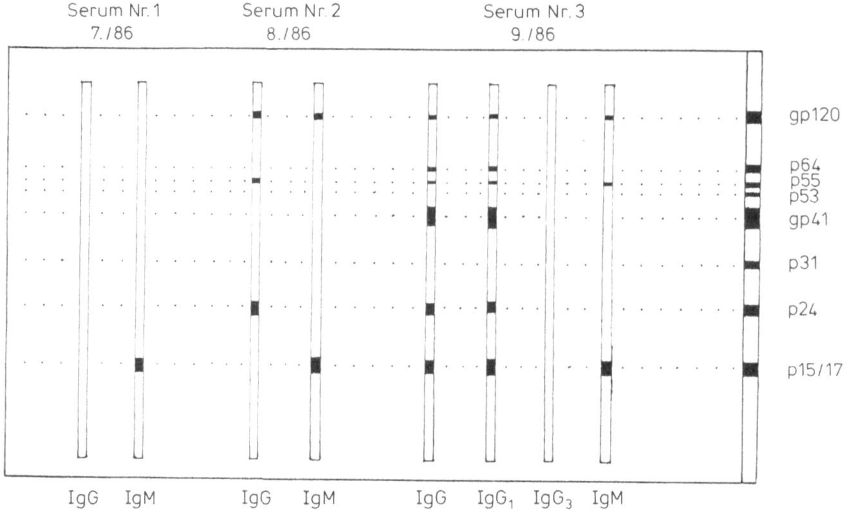

Abb. 4. Serokonversion im Verlauf einer akuten Primärinfektion mit HIV

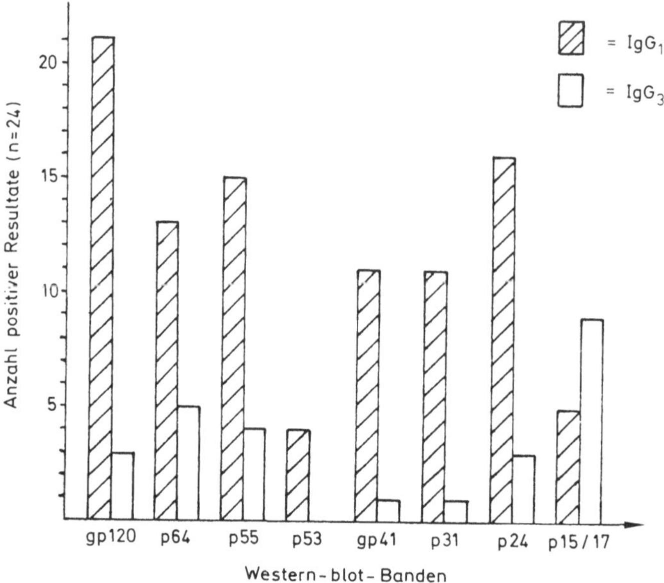

Abb. 5. Verteilung von IgG_1- und IgG_3-spezifischen Antikörpern gegen HIV-Antigene. Western-blot-Analyse der Serumproben von 24 Patienten mit LAS bzw. AIDS

Von 12 Patienten, bei denen zusätzlich der Verdacht auf eine beginnende Enzephalitis auftrat, kamen auch Liquorproben zur Untersuchung auf HIV-Antikörper. Dabei zeigte sich eine deutliche Beschränkung auf das IgG_1 (Tabelle 2). Um eine evtl. Blutkontamination der Liquorproben zu überprüfen, haben wir als Indikator IgG-Antikörper gegen das Herpes-simplex-Virus gemessen. Bekanntlich sind die

Tabelle 2. Ergebnisse der immunglobulinklassen- und IgG-subklassen-spezifischen ELISA- und Western-blot-Untersuchungen auf HIV-Antikörper [Serum- und Liquor-(CSF-)proben wurden bei insgesamt 12 Patienten mit LAS/AIDS und neurologischen Symptomen jeweils gleichzeitig entnommen]

	IgG	IgG_1	IgG_2	IgG_3	IgG_4	IgM	IgA	HSV-IgG
Sera ($n = 12$)								
ELISA	12 (100%)	12 (100%)	1 (8%)	7 (58%)	0	0	0	9 (75%)
Western blot	12 (100%)	12 (100%)	1 (8%)	6 (50%)	1 (8%)	0	0	n.d.
CSF ($n = 12$)								
ELISA	12 (100%)	11 (92%)	0	2 (17%)	0	2 (17%)	0	2 (17%)
Western blot	10 (83%)	10 (83%)	0	1 (8%)	0	2 (17%)	0	n.d.

n.d. = nicht durchgeführt

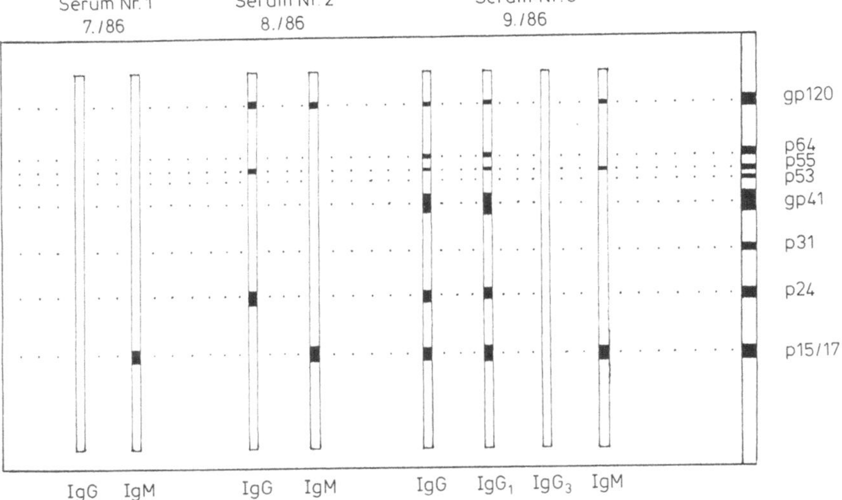

Abb. 6. Western-blot-Analyse von Serum und Liquor eines 34jährigen Patienten mit AIDS und beginnender Enzephalitis. IgG-, IgM- und IgG-subklassen-spezifisches Antikörperspektrum

LAS- und AIDS-Patienten zu über 90% mit diesem Virus durchseucht. In unserem Untersuchungsgut wiesen drei Viertel der Probanden hohe HSV-Antikörpertiter im ELISA auf (1: ≥ 10000). Dagegen zeigten nur zwei Liquorproben ein positives Resultat (1:40 und 1:80). Daraus folgt, daß zumindest 7 der 12 Patienten mit größter Wahrscheinlichkeit eine intrathekale, pathognomonische HIV-Antikörperproduktion erfahren hatten (Tabelle 2).

In der Western-blot-Analyse erwies sich das gp120 am häufigsten immunogen für die intrathekale IgG_1-Synthese ($n = 7$), gefolgt von p24 ($n = 5$) und pg41 ($n = 4$). In einem Fall wurde eine IgG_1-Antikörperreaktion gegen p55 festgestellt, die in der Blutprobe des Patienten fehlte (Abb. 6). In einer anderen Liquorprobe wurde eine IgG_3-Immunreaktion gegen p15/17 und p64 beobachtet. Bei 2 Patienten gelang es,

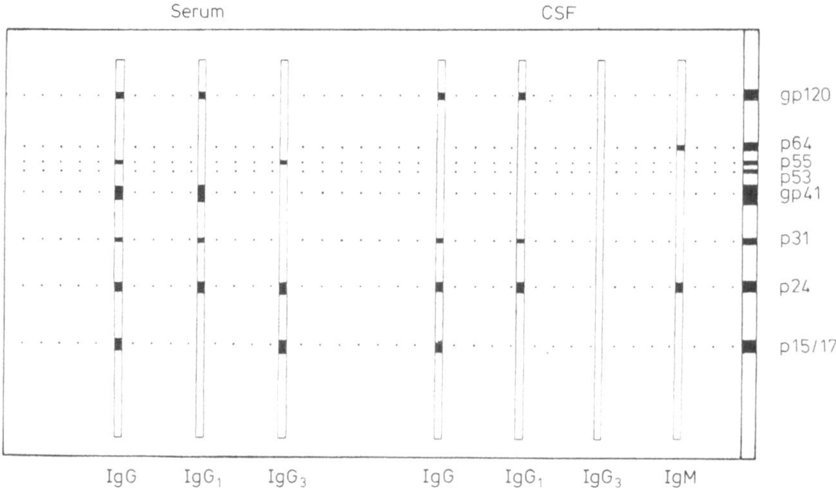

Abb. 7. IgG-subklassen-spezifisches Antikörperspektrum, nachgewiesen im Western-blot-Test. Serum und Liquor eines 40jährigen Patienten, der zusätzlich zum klinischen Vollbild des AIDS eine Enzephalitis entwickelte

die (zusätzlich) abgelaufene Infektion des ZNS über liquorständige, im Blut nicht nachweisbare IgM-Antikörper gegen HIV labordiagnostisch aufzuspüren (Abb. 6 und 7). Von einer der beiden Personen waren aus dem Blut und dem Liquor zwei verschiedene HIV-Stämme isoliert worden (Rübsamen-Waigmann et al. 1986).

Diskussion

Während der letzten Jahre ist der HIV-Antikörpertest zu der am häufigsten durchgeführten Methode aller infektionsserologischen Untersuchungen in unseren Abteilungen geworden. Obwohl eine relativ große Zahl seropositiver Personen gefunden wird (1985/86 ca. 2,5% des ganzen Untersuchungsgutes bei über 30000 Tests allein im Hygiene-Institut der Universität Frankfurt), lassen sich kaum Aussagen machen über den vermuteten Zeitpunkt der Infektion, weil in Verlaufsuntersuchungen mit mehreren Blutproben kaum Serokonversionen oder signifikante Antikörpertiteranstiege gemessen werden. Darüber hinaus wäre ein labordiagnostischer Marker zur Unterscheidung einer (re)aktiv(iert)en von einer latenten Infektion sehr wertvoll. Bei anderen Viruskrankheiten haben sich dafür Untersuchungen auf Antikörper in bestimmten Immunglobulinklassen oder −subklassen bewährt (Doerr et al. 1985).

Wir haben daher eine Studie durchgeführt, in welcher bei LAS- und AIDS-Patienten Blutserum- und Liquorantikörper gegen HIV in den Immunglobulinklassen A, G und M sowie in den IgG-Subklassen 1–4 bestimmt worden sind.

Unsere Ergebnisse belegen, daß die humorale Immunreaktion im wesentlichen im IgG_1 und IgG_3 lokalisiert ist (Tabelle 1). Sie entsprechen Resultaten, die kürzlich von Sundqvist et al. (1986) in „Screening"-ELISAs ermittelt worden sind. IgM- und

IgA-Antikörper gegen HIV waren bei Probanden ohne Verdacht auf eine frisch abgelaufene HIV-Infektion nicht nachweisbar. Für letzteres wurden IgM-Antikörper kürzlich als regulärer Marker gewertet (Parry u. Mortimer 1986). Auch wir konnten dies in einem Einzelfall bestätigen (Abb. 4). Die nach einer Infektion langfristig persistierenden Antikörper („Serumnarbe") scheinen bei den meisten Viruskrankheiten dem IgG_1 anzugehören (Skvaril et al. 1985). Auch im IgG_3 wurden häufig virusspezifische Antikörper, besonders nach Herpesvirusinfektionen, gemessen (Sundqvist et al. 1984; Coleman et al. 1985; Hayward et al. 1986; Doerr et al. 1987). Das zusätzliche Auftreten von HIV-Antikörpern im IgG_3 ließ sich nicht mit einem klinischen Substrat korrelieren, so daß wir infektionsserologisch keinen Marker für eine aktive bzw. reaktivierte HIV-Infektion nach dem Primärkontakt ausmachen können. Ebenfalls deutete sich in unseren Untersuchungen kein Unterschied zwischen LAS und AIDS an.

Bei HIV-infizierten Patienten mit beginnenden neurologischen Störungen kann der Untersuchung einer intrathekalen Antikörperproduktion pathognomonische Bedeutung zukommen (Ackermann et al. 1986). In der Western-blot-Analyse solcher Antikörper fanden Goudsmit et al. (1986) Immunreaktionen mit p24, p51 und p65. In unserer Studie belegten wir ein breites Antikörperspektrum, das – ähnlich den Herpes-simplex-Virusinfektionen des Gehirns (Doerr 1986) – praktisch oligoklonal dem IgG_1 angehörte. Daneben ließen sich auch in 2 Fällen IgM-Antikörper gegen das HIV nachweisen, möglicherweise als Marker einer frisch abgelaufenen Infektion dieses Körperorgans.

Zusammenfassung

24 männliche, homosexuelle Personen, die an dem Lymphadenopathie- oder akquirierten Immundefektsyndrom erkrankt sind, werden mit indirektem ELISA und Western-blot-Test unter Verwendung monoklonaler „Tracer" auf HIV-Antikörper in den Immunglobulinklassen A, G, M und den Immunglobulinsubklassen G_{1-4} untersucht.

Alle untersuchten Patienten weisen HIV-spezifische Serum-Antikörper in der Immunglobulinsubklasse G_1 auf, etwa die Hälfte im IgG_3, nur zwei bzw. einer im IgG_2 und IgG_4. IgM- und IgA-Antikörper gegen HIV sind nur in einer Person nachweisbar, in welcher eine Serokonversion bei Verlaufsuntersuchungen mit mehreren Blutproben festgestellt worden ist.

Von 12 Patienten mit Zeichen einer beginnenden Enzephalitis werden auch Liquorproben getestet. Während die liquorständigen Antikörper gegen HIV i. allg. auf die IgG-Subklasse 1 beschränkt sind, lassen sich in zwei Fällen zusätzlich, in den Blutproben nicht vorhandene, IgM-Antikörper finden. Die intrathekale, pathognomonische Antikörperproduktion bei HIV-Infektion kann durch die vergleichende Messung von Antikörpern gegen das Herpes-simplex-Virus in Blut- und Liquorproben abgesichert werden.

Literatur

Ackermann R, Nekic M, Jürgens R (1986) Locally synthesized antibodies in cerebrospinal fluid of patients with AIDS. J Neurol 233:140–141

Coleman RM, Nahmias AJ, Williams SC, Phillips DJ, Black CM, Reimers CB (1985) IgG subclass antibodies to herpes simplex virus. J Infect Dis 151:929–936

Doerr HW (1986) Möglichkeiten der virologischen Labordiagnostik bei ZNS-Infektionen. Immun Infekt 14:131–134

Doerr HW, Braun R, Munk K (1985) Human cytomegalovirus infection: Recent developments in diagnosis and epidemiology. Klin Wochenschr 63:241–251

Doerr HW, Rentschler M, Scheifler G (1987) Serologic detection of active infections with human herpesviruses (CMV, EBV, HSV, VZV): Diagnostic potential of IgA class- and IgG subclass-specific antibodies. Infection (im Druck)

Doerr HW, Selb B, Braun W, Kauk U (1986) AIDS – Ätiologie und Bewertung serologischer Befunde. Ärztl Lab 32:255–259

Goudsmit J, Wolters EC, Bakker M, et al (1986) Intrathecal synthesis of antibodies to HTLV-III in patients without AIDS or AIDS related complex. Br Med J 292:1231–1234

Hayward A, Herberger M, Corey L (1986) IgG subclass of anti-HSV antibodies following neonatal HSV infections. Eur J Pediatr 145:250–251

Parry JV, Mortimer PP (1986) Place of IgM antibody testing in HIV serology. Lancet II:979–980

Rübsamen-Waigmann H, Becker WB, Helm EB, Brodt R, Fischer H, Henco K, Brede HD (1986) Isolation of variants of lymphocytopathic retroviruses from the peripheral blood and cerebrospinal fluid of patients with ARC or AIDS. J Med Virol 19:335–344

Skvaril F, Probst M, Audran R, Steinbeck M (1985) Distribution of IgG subclasses in commercial and some experimental gamma-globulin preparations. Sanguinis 32:335–338

Sundqvist V-A, Linde A, Kurth R, et al (1986) Restricted IgG subclass responses to HTLV-III/LAV and to cytomegalovirus in patients with AIDS and lymphadenopathy syndrome. J Infect Dis 153:970–973

Sundqvist V-A, Linde A, Wahren B (1984) Virus-specific immunoglobulin G subclasses in herpes simplex and varicella-zoster virus infections. J Clin Microbiol 20:94–98

Neurologische Probleme bei AIDS

P.-A. Fischer und W. Enzensberger

Als Ursache der 1981 in amerikanischen Großstädten beobachteten Häufung von Pneumocystis-carinii-Pneumonien und Kaposi-Sarkomen bei homosexuellen Männern wurde in der Folge eine Infektion mit dem Retrovirus HIV (human immunodeficiency virus) aufgedeckt, das einen schweren, irreversiblen Immundefekt hervorruft (Centers for Disease Control 1981; Barré-Sinoussi et al. 1983; Helm et al. 1983; Gallo et al. 1984; Brodt et al. 1986). In weiteren Krankheitsfällen von AIDS fiel dann bald die häufige Beteiligung des Nervensystems auf. So wurde bereits 1982 darauf hingewiesen, daß neurologische Komplikationen das Krankheitsbild modifizieren und prägen können (Horowitz et al. 1982). 1983 zeichnete sich durch eine Reihe weiterer Publikationen und aufgrund eigener Befunde in der Zusammenarbeit mit dem Zentrum der Inneren Medizin Häufigkeit und Vielgestaltigkeit der zentralnervösen Beteiligung bei AIDS ab. Nach den bisher vorliegenden Erfahrungen sind bei etwa 40% der AIDS-Kranken neurologische Erkrankungen nachweisbar (Jordan et al. 1985; Levy et al. 1985; Carne u. Adler 1986). Bei Obduktionen werden sogar in bis zu 80% pathologische Hirnbefunde festgestellt (Anders et al. 1986; Navia et al. 1986b). Diese Diskrepanz ist bemerkenswert. Sie findet durch eine Reihe von Faktoren, auf die im folgenden eingegangen wird, ihre Erklärung.

Trotz aller Vielfalt zeichnen sich inzwischen die Schwerpunkte der ZNS-Komplikationen bei AIDS klar ab. Wie die Übersicht von Levy et al. (1985) an einem großen Krankengut zeigt (Tabelle 1), wurden zahlreiche zentral-nervöse Komplikationen bei AIDS beobachtet, die sich zwanglos in virale Infektionen, nichtvirale Infektionen und Malignome einteilen lassen (Levy et al. 1985). Die in der Tabelle aufgelisteten Erkrankungen wurden auch im Frankfurter Krankengut beobachtet. Übereinstimmung besteht außerdem darin, daß unter den ZNS-Beteiligungen der subakuten Enzephalitis und der ZNS-Toxoplasmose die zahlenmäßig größte Bedeutung zukommt. Dagegen wurden Kryptokokkosen des Zentralnervensystems in Europa sehr viel seltener beobachtet, was auf einer anderen epidemiologischen Situation beruht.

Der Krankheitsverlauf einer HIV-Infektion läßt sich in verschiedene Stadien einteilen (Tabelle 2). Die Zahlen für AIDS-Fälle in den verschiedenen Statistiken beziehen sich nur auf die Patienten des Stadiums III, d.h. das AIDS-Vollbild mit schwerem Immundefekt, opportunistischen Infektionen und bestimmten Tumoren. Die Mehrzahl der klinisch erfaßten ZNS-Beteiligungen betrifft Patienten mit dem Vollbild des AIDS. Bekanntlich liegt die Zahl der Infizierten und der Kranken mit einem mäßigen Immundefekt und Lymphadenopathie wesentlich höher. Neben der zentralen Frage, welcher Prozentsatz der Infizierten in welcher Zeit in das Lymphadenopathie-Stadium und dann in das Vollbild des AIDS kommt, ist im Zusammen-

Tabelle 1. Amerikanische Sammelstatistik über zentrale neurologische Komplikationen bei Patienten mit AIDS oder LAS. (Nach Levy et al. 1985)

Complications	Total reported
Viral syndromes	
Subacute encephalitis	54
Atypical aseptic meningitis	21
Herpes simplex encephalitis	9
Progressive multifocal leukoencephalopathy	6
Viral myelitis	3
Varicella zoster encephalitis	1
Non-viral infections	
Toxoplasma gondii	103
Cryptococcus neoformans	41
Candida albicans	6
Coccidioidomycosis	1
Treponema pallidum	2
Atypical Mycobacteria	6
Mycobacterium tuberculosis	1
Aspergillus fumigatus	1
Bacteria (Escherichia coli)	1
Neoplasms	
Primary CNS lymphoma	15
Systemic lymphoma with CNS involvement	12
Kaposi's sarcoma	3
Cerebrovascular accident	
Infarction	5
Hemorrhage	4
Miscellaneous/unknown	25
Total cases	320

hang mit der neurologischen Problematik die zusätzliche Frage von besonderem Gewicht, ob und wie häufig bereits in frühen Stadien nach der Infektion ein Virusbefall des Zentralnervensystems auftritt (Carne u. Adler 1986). Es steht inzwischen fest, daß das HIV grundsätzlich in jedem Krankheitsstadium eine neurologische Erkrankung hervorrufen kann. Neben einzelnen Fällen von akuten Meningoenzephalitiden kurz nach der Infektion ist vor allem auf die zahlreichen Beobachtung subakuter Enzephalitiden mit progredientem Verlauf hinzuweisen, die zu jeder Zeit des LAS oder AIDS-Vollbildes klinisch in Erscheinung treten können (Carne u. Adler 1986; Levy et al. 1985; Navia et al. 1986a; Navia et al. 1986b). Von Bedeutung ist außerdem, daß alle Abschnitte des Nervensystems – Gehirn, Rückenmark, periphere Nerven – von der Infektion betroffen sein können (von Briesen et al. 1986; Carne u. Adler 1986; Ho et al. 1985; Petito et al. 1985; Shaw et al. 1985).

Tabelle 2. Stadieneinteilung im Krankheitsverlauf der HIV-Infektion. (Modifiziert nach Brodt et al. 1986)

Stadium	Definition
I	HIV-infizierte Patienten ohne Immundefekt
IIa	Infizierte mit mäßigem zellulären Immundefekt und typischen Symptomen des Lymphadenopathie-Syndroms
IIb	Wie IIa, aber schwerer zellulärer Immundefekt (T_4-Helferzellen < 350/μl, Okt 4 / Okt 8 ratio < 0,5)
III	Patienten mit AIDS (CDC-Definition)

Die verschiedenen ZNS-Komplikationen bei AIDS kann man in zwei Gruppen einteilen: Erkrankungen, die ausschließlich Folge der erworbenen Immunschwäche sind und andere, bei denen auch die Auswirkung des direkten HIV-Befalls diskutiert werden muß. In die erste Gruppe gehören die nichtviralen Infektionen und bestimmte Malignome des ZNS. Es sind dies auch die Erkrankungen, die bei AIDS-Patienten zuerst aufgefallen sind (Enzensberger et al. 1985b; Enzensberger et al. 1985c; Gallo et al. 1984; Horowitz et al. 1982; Jordan et al. 1985; Levy et al. 1985). In Übereinstimmung mit der Literatur, spielen auch in unserem Krankengut Toxoplasmose-Infektionen die Hauptrolle. Die erworbene Toxoplasmose des Nervensystems war trotz der hohen Durchseuchung der Bevölkerung mit Toxoplasma gondii selten. So fand Trudon (1981) nur 202 ausreichend dokumentierte Krankheitsberichte in einem Zeitraum von 35 Jahren. Im Zusammenhang mit AIDS wird die Toxoplasmose zu einer wichtigen Enzephalitis-Ursache. Die Erkrankung ist wegen ihrer Therapierbarkeit bei der insgesamt noch sehr tristen therapeutischen Situation der AIDS-Kranken von besonderer Bedeutung. Die Frankfurter Erfahrungen mit der Toxoplasmose bei AIDS-Patienten werden im folgenden Beitrag genauer dargestellt werden. In allen Kollektiven von AIDS-Kranken ist eine Häufung von ZNS-Lymphomen beobachtet worden. Sie können als primäres ZNS-Lymphom und als systemisches Lymphom mit ZNS-Beteiligung in Erscheinung treten. Mit ihnen ist in etwa 5–10% der AIDS-Fälle zu rechnen. Maligne Lymphome sind im allgemeinen Krankengut seltene ZNS-Tumoren. Jellinger (1983) konstatierte bei pathologisch-anatomischen Untersuchungen 0,3–1,5%, während Kazner et al. (1978) bei einer neuroradiologischen Analyse von 2015 Patienten mit Hirntumoren einen Lymphomanteil von 1,5% feststellten.

Der Vielfalt von auch seltenen nichtviralen Infektionen und von Malignomen bei AIDS-Patienten steht eine sehr viel weniger differenzierte Klinik gegenüber (Enzensberger u. Fischer 1986; Fischer u. Enzensberger 1987). Dies gilt besonders für die Haupterkrankungen dieser Gruppe, die Toxoplasmose und die Lymphome, die klinisch in der Regel nicht sicher differenziert werden können. Eine wenig charakteristische, verwaschene Beschwerde- und Symptomstruktur können für das Initialstadium von ZNS-Komplikationen bei AIDS als geradezu typisch herausgestellt werden. Verlaufsuntersuchungen bei Patienten mit erworbenem Immundefekt haben gezeigt, daß sich bei späteren ZNS-Komplikationen die neurologische Symptomatik meist subakut entwickelte. Bis zum Auftreten von Bewußtseinsveränderungen oder Herdsymptomen, können erhebliche Diskrepanzen zwischen der Schwere der morphologischen, neuroradiologisch nachweisbaren Veränderungen und einer eher unspezifischen Klinik bestehen. Kommt es infolge von ZNS-Komplikationen zu einer fokalen Symptomatik, läßt diese nach den bisher vorliegenden Erfahrungen keine besonderen Schwerpunkte erkennen. Die ganze Vielfalt möglicher zerebraler Symptome kann in Abhängigkeit von der Lokalisation des Prozesses und seiner Schwere angetroffen werden.

Treten zerebrale oder spinale Symptome bei bisher nicht erkannten erworbenen Immundefekten als frühe Krankheitszeichen auf, entstehen große differentialdiagnostische Schwierigkeiten. Bei Fehlen einer charakteristischen Befundkonstellation sind für die richtige Einordnung anamnestische Daten mit Aufdeckung der Risikofaktoren von größter Bedeutung. HIV-Infektionen betreffen derzeit überwiegend homo- und bisexuelle Männer und ihre Partnerinnen sowie i.v. Drogensüchtige. Mit großem Abstand folgen Hämophile, die mit Faktor VIII substituiert wurden, Empfänger infizierter Blutkonserven und Kinder von AIDS-Kranken. Zur weiteren Klärung sind spezifische HIV-Antikörperuntersuchungen und interne Befunde mit Nachweis des zellulären Immundefektes unverzichtbar und wegweisend.

AIDS ist in der Mehrzahl der Fälle eine Geschlechtskrankheit. Kombinationen mit anderen venerischen Infektionen sind häufig. Bei Neurolues sollte die Möglichkeit einer gleichzeitigen HIV-Infektion generell in Rechnung gestellt werden. Bei gleichzeitiger Lues des Nervensystems und HIV-Infektion sind offensichtlich Interaktionen mit veränderten klinischen Bildern und geändertem therapeutischen Ansprechen möglich. Wir beobachteten 2 Patienten mit bei der Neurolues bekannten, aber seltenen Krankheitszuständen, bei gleichzeitiger HIV-Infektion. Es handelte sich um eine Pachymeningitis luetica und eine luetische Polyradikulitis, bei denen die entzündlichen Liquorbefunde trotz Penizillinkuren und klinischer Remission persistierten (Fischer u. Enzensberger 1987).

Bei HIV-Infizierten werden in steigender Häufigkeit subakute Enzephalitiden beobachtet (Carne u. Adler 1986; Jordan et al. 1985; Levy et al. 1985; Navia et al. 1986a; Navia et al. 1986b). Es ist noch offen, ob es sich hierbei um Erkrankungen handelt, die durch das HIV-Virus selbst hervorgerufen werden, oder ob es chronisch verlaufende Enzephalitiden bei Immunschwäche sind, die durch andere, evtl. auch mehrere Erreger verursacht werden. In diesem Zusammenhang ist vor allem das Zytomegalievirus in Betracht zu ziehen. Die Durchseuchung mit Zytomegalievirus ist hoch, viele AIDS-Patienten machen akute CMV-Allgemeininfektionen durch, und das Auftreten von Zytomegalie-Enzephalitiden ist bei immunsuppressiver Therapie und Systemerkrankungen bekannt. Andererseits wurde bereits auf den Nachweis des HIV in der grauen und weißen Hirnsubstanz hingewiesen und über die Anzüchtung aus dem Liquor cerebrospinalis berichtet (von Briesen et al. 1986; Ho et al. 1985; Koenig et al. 1986; Navia et al. 1986b; Shaw et al. 1985). Auch neuropathologische Untersuchungsergebnisse zeigten bei an AIDS verstorbenen Patienten in wechselnder Ausprägung „Gliaknötchen", eine mäßig stark ausgeprägte Gliaproliferation um Gefäße und mehrkernige Riesenzellen, die wahrscheinlich das morphologische Substrat einer Virusenzephalitis sind (Anders et al. 1986; Budka 1986; Koenig et al. 1986; Navia et al. 1986b). Unmittelbare Zielzellen des HIV im Zentralnervensystem sind nach bisheriger Erkenntnis Monozyten und Makrophagen (Budka 1986; Koenig et al. 1986), wobei das AIDS-Virus in diesen Zellen vermutlich die Blut-Hirnschranke überwindet (Abb. 1). Die Infektion des ZNS muß deshalb auch unter dem Aspekt eines Virusreservoirs gesehen werden. Für medikamentöse Therapien könnten sich hieraus zusätzliche Probleme ergeben.

Klinisches Korrelat der subakuten Enzephalitis sind vor allem progrediente psychoorganische Veränderungen mit dementivem Abbau (Enzensberger u. Fischer 1986a; Fischer u. Enzensberger 1987; Levy et al. 1985; Navia et al. 1986a). Diese psychopathologischen Veränderungen können mit einer fortschreitenden Hirnatrophie in der Computertomographie, pathologischen EEG-Veränderungen und einem chronisch entzündlichen Liquorbefund vergesellschaftet sein (Enzensberger et al. 1985a). Über den Stellenwert der Kernspintomographie (NMR) in der Diagnostik dieser Enzephalitiden liegen noch keine ausreichenden Erfahrungen vor. Es ist zu erwarten, daß mit dieser Methode einige Krankheitsfälle zusätzlich erkannt werden können. Insgesamt ist die Häufigkeit der chronisch-progredienten Enzephalitiden unklar. Die diagnostischen Probleme sind sehr groß und erklären die unterschiedlichen Zahlenangaben. In den Frühstadien der Erkrankung kommt psychopathologischen Abweichungen nach Art eines hyperästhetisch-emotionellen Schwächezustands oft eine große Bedeutung zu. Die hiermit umschriebene Überempfindlichkeit, Gereiztheit, depressiv-ängstliche Verstimmung und Veränderung an Vitalität, Spontaneität und Antrieb ist eine häufige initiale Symptomkonstellation. In anderen Fällen kann aber auch eine fatalistische, gleichmütige, gelegentlich subeuphorische Stimmung das Bild bestimmen. Die psychopathologischen Veränderungen sind bei AIDS-Kranken besonders schwer einzuordnen. Einmal handelt es sich bei den Patienten um eine primär häufig mit psychischen Auffälligkeiten behaftete Gruppe von mehrheitlich Homosexuellen und Drogensüchtigen. Zum anderen entwickeln sich die Symptome oft bei Patienten mit schweren internen Erkrankungen infolge der Immunschwäche. So können die genannten, für hirnorganische Veränderungen typischen, aber nicht beweisenden Symptome zunächst nur Indikation zu weiterreichender Diagnostik sein (Fischer u. Enzensberger 1987). Zusätzliche Probleme resultieren aus einer unterschiedlichen Nomenklatur. Im anglo-amerikanischen Schrifttum werden auch psychopathologische Abweichungen nach Art eines hirnorganischen Psychosyndroms als Demenz bezeichnet (Jordan et al. 1985; Levy et al. 1985; Navia

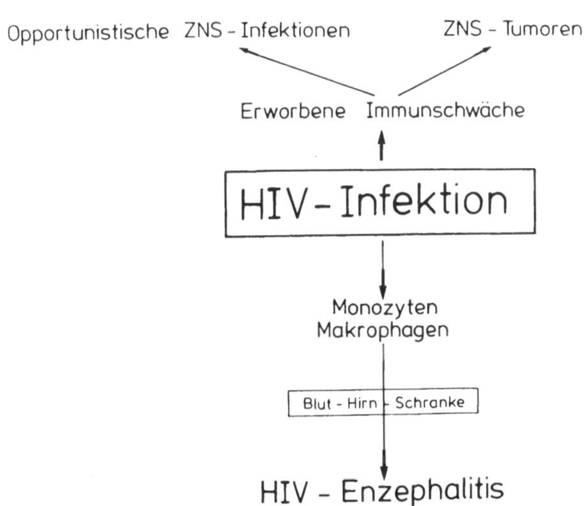

Abb. 1. Direkte und indirekte Komplikationen am Nervensystem bei HIV-Infektion

et al. 1986a). Bei leichten psychoorganischen Veränderungen und gleichzeitigen schweren internen Komplikationen des Immundefektes, wie einer Pneumocystis-carinii-Pneumonie oder einer CMV-Allgemeininfektion, sind Abgrenzungen einer hirnorganischen Begleitsymptomatik dieser Erkrankungen von einer subakuten Enzephalitis kaum möglich.

Von großer Bedeutung ist die Frage, ob subakute Enzephalitiden mit psychoorganischen Syndromen vor Auftreten eines Immundefektes durch frühzeitigen direkten Befall des ZNS anderen Krankheitserscheinungen vorauseilen können (Carne u. Adler 1986; Navia et al. 1986a). Dies würde bei der bereits bekannten hohen Zahl an Infizierten bedeuten, daß mit einer größeren Gruppe jüngerer Menschen mit progredienten psychoorganischen Veränderungen gerechnet werden müßte. Sollten sich diese Befürchtungen über bereits publizierte Einzelbeobachtungen hinaus für eine größere Zahl von HIV-Infizierten bestätigen, könnten unter Berücksichtigung der Erkrankungshäufigkeit, Betreuungs- und Behandlungsprobleme auftreten, wie sie aus früheren Zeiten von der progressiven Paralyse bekannt sind. Bekanntlich waren im ersten Jahrzehnt dieses Jahrhunderts etwa 8–10% aller Aufnahmen großer Nervenkliniken Patienten mit progressiver Paralyse.

Die steigende Zahl von Patienten mit AIDS und ZNS-Komplikationen wird aber auch ohne diesen Aspekt Versorgungsprobleme aufwerfen. Die Infektionsabteilungen werden zunehmend nicht mehr in der Lage sein, dieses Krankengut allein zu versorgen. Wahrscheinlich wird man zu einer Intensivierung der interdisziplinären Zusammenarbeit kommen und die Patienten in den Fachkliniken stationär behandeln müssen, die für die Behandlung der jeweiligen Komplikationen besonders eingerichtet sind.

Die Differentialdiagnose entzündlicher Nervenkrankheiten muß um die HIV-Infektionen und opportunistische Infektionen bei erworbener Immunschwäche erweitert werden. Darüber hinaus legen die steigenden Erkrankungszahlen nahe, bei der Abklärung zerebraler und spinaler Symptome in der neurologischen Routine an die Komplikationen bei erworbenem Immundefekt zu denken.

Die Vielfalt der Erkrankungen, die Häufigkeit von Mehrfacherkrankungen bis an die Grenze klinischer Diagnostizierbarkeit und die oft verwaschene Symptomatik machen stichwortartig die dabei zu bewältigenden Probleme deutlich. In Zukunft könnte den neurologischen Komplikationen bei AIDS eine ähnlich große differentialdiagnostische Bedeutung zukommen, wie dies vor Einführung wirksamer Behandlungsverfahren in der Vergangenheit für die zahlreichen Manifestationen der Lues der Fall war.

Literatur

Anders KH, Guerra WF, Tonniyasu U, Verity MA, Vintlos HV (1986) The neuropathology of AIDS-UCLA experience and review. Am J Pathol 124:537–558

Barré-Sinoussi F, Cherman JC, Rey F, et al (1983) Isolation of a T-lymphotropic retrovirus from a patient at risk for acquired immune deficiency syndrome (AIDS). Science 220:868–871

Briesen H von, Becker WB, Helm EB, Enzensberger W, Fischer P-A, Brede HD, Rübsamen-Waigmann H (1986) Isolierung von AIDS-assoziierten Retroviren (AAV) aus Blut und Liquor cerebrospinalis von AIDS- und LAS-Patienten mit neurologischer Symptomatik. In: Helm EB, Stille W, Vanek E (Hrsg) AIDS II. Zuckschwerdt, München Bern Wien, S 120–125

Brodt HR, Helm EB, Werner A, Joetten A, Bergmann L, Klüver A, Stille W (1986) Spontanverlauf der LAV/HTLV III-Infektion. Dtsch Med Wochenschr 111:1175–1180

Budka H (1986) Multinucleated giant cells in brain a hallmark of the acquired immune deficiency syndrome. Acta Neuropathol 69:253–258

Carne CA, Adler MW (1986) Neurological manifestations of human immunodeficiency virus infection. Br Med J 293:462–463

Centers for Disease Control (CDC) (1981) Pneumocystis pneumonia-Los Angeles. Morbid Mortal Wkly Rep 30:250–252

Enzensberger W, Fischer P-A (1986) Neurologische Leitbefunde bei AIDS. In: Helm EB, Stille W, Vanek E (Hrsg) AIDS II. Zuckschwerdt, München Bern Wien, S 115–119

Enzensberger W, Fischer P-A, Helm EB, Stille W (1985a) Value of electroencephalography in AIDS. Lancet I:1047–1048

Enzensberger W, Helm EB, Hopp G, Stille W, Fischer P-A (1985b) Toxoplasmose-Enzephalitis bei Patienten mit AIDS. Dtsch Med Wochenschr 110:83–87

Enzensberger W, Helm EB, Stille W, Fischer P-A (1985c) Neurological complications in patients afflicted with AIDS. J Neurol [Suppl] 232:252

Fischer P-A, Enzensberger W (1987) Beteiligung des Nervensystems bei AIDS. In: Verhandlungen der Deutschen Gesellschaft für Neurologie, Bd 4. Springer, Berlin Heidelberg New York Tokyo (im Druck)

Gallo RC, Salahuddin SZ, Popovic M, et al (1984) Frequent detection and isolation of cytopathic retroviruses (HTLV III) from patients with AIDS and at risk for AIDS. Science 224:500–503

Helm EB, Bergmann L, Elbert M, Kurth R, Mitrou PS, Shah PM, Stille W (1983) Erworbenes Immundefekt-Syndrom (AIDS) bei männlichen Homosexuellen in Frankfurt am Main. MMW 125:1129–1134

Ho DD, Rota TR, Schooley RT, et al (1985) Isolation of HTLV III from cerebrospinal fluid and neural tissues of patients with neurologic syndromes related to the acquired immunodeficiency syndrome. N Engl J Med 313:1493–1497

Horowitz SL, Benson DF, Gottlieb MS, Davos I, Bentson JR (1982) Neurological complications of gay-related immunodeficiency disorder. Ann Neurol 12:80

Jellinger K (1983) Primäre und sekundäre Lymphome des Zentralnervensystems. In: Seitz D, Vogel P (Hrsg) Verhandlungen der Deutschen Gesellschaft für Neurologie, Bd 2. Springer, Berlin Heidelberg New York Tokyo, S 14–48

Jordan BD, Navia BA, Petito C, Cho E-S, Price W (1985) Neurological syndromes complicating AIDS. Front Radiat Ther Onc 19:82–87

Kazner E, Grumme T, Lanksch W, Wende S (1978) Computed tomography (CT) and the operative indications for brain tumors. A cooperative study of 3 university hospitals. In: Carrea R (ed) Neurological surgery. Elsevier, Amsterdam, pp 28–36

Koenig S, Gendelmann HE, Grenstein JM, et al (1986) Detection of AIDS virus in macrophages in brain tissue from AIDS patients with encephalopathy. Science 233:1089–1093

Levy RM, Bredesen DE, Rosenblum ML (1985) Neurological manifestations of acquired immunodeficiency syndrome (AIDS): Experience at UCSF and review of the literature. J Neurosurg 62:475–495

Navia BA, Jordan BD, Price RW (1986a) The acquired immune deficiency syndrome dementia complex I. Clinical Features. Ann Neurol 19:517–524

Navia BA, Cho ES, Petito CK, Price RW (1986b) The acquired immune deficiency syndrome dementia complex II. Neuropathology. Ann Neurol 19:525–535

Petito CK, Navia BA, Cho E-S, Jordan BD, George DC, Price RW (1985) Vacuolar myelopathy pathologically resembling subacute combined degeneration in patients with the acquired immunodeficiency syndrome. N Engl J Med 312:874–879

Shaw GM, Harper ME, Hahn BH, et al (1985) HTLV III-infection in brains of children and adults with AIDS encephalopathy. Science 227:177–182

Trudon S (1981) Die Klinik der erworbenen Toxoplasmose des Nervensystems in der Zeit von 1943 bis 1977. Schweiz Rundschau Med 69:677–689

Zentralnervöse Befunde bei 140 Frankfurter Patienten mit HIV-Infektion

W. Enzensberger und P.-A. Fischer

Einleitung

Seit 1982 wächst vorläufig unaufhaltsam die Zahl der HIV-infizierten Patienten (human immunodeficiency virus), die die Frankfurter AIDS-Ambulanz im Zentrum der Inneren Medizin frequentieren (Brodt et al. 1986; Helm et al. 1983). Schon bei den ersten Patienten traten im Krankheitsverlauf neurologische Komplikationen auf, so daß Konsile erforderlich wurden. Bald etablierte sich die interdisziplinäre Zusammenarbeit zwischen den beiden Fachgebieten so weit, daß viele der HIV-Patienten neben den internistischen Kontrollen auch in regelmäßigen Abständen zu neurologischen Untersuchungen erschienen (Brodt et al. 1986; Enzensberger et al. 1986b; Enzensberger et al. 1985f, g). Wir haben uns von Anfang an bemüht, für diese Untersuchungen ein einheitliches Vorgehen zu finden, um einerseits die zu erwartenden größeren Patientenzahlen bewältigen zu können und um andererseits eine übersichtliche Dokumentation der Befunde zur weiteren Auswertung für diese neuartigen Krankheitsverläufe zu gewinnen. Wir wollten dabei, zumal bei klinisch noch unauffälligen Patienten, das Maß der Untersuchungen nicht unsinnig groß ansetzen, aber andererseits doch ein Screeningfilter finden, durch das sich mit hoher Wahrscheinlichkeit die Frage entscheiden läßt, ob eine neurologische Krankheitsbeteiligung vorliegt. Zu berücksichtigen ist auch, daß sich HIV-Patienten in Anbetracht der ungünstigen Prognose ihrer Erkrankung nur begrenzt zu Untersuchungen bereit erklären; so lehnen z. B. viele der Patienten trotz abzuklärender Beschwerden eine Lumbalpunktion wegen fehlender therapeutischer Konsequenzen ab. Auch war uns von Anfang an klar, daß wir es mit einer „doppelten Auswahl" zu tun haben: einmal solchen Patienten, die bereit waren, mit der Frage einer HIV-Infektion eine internistische AIDS-Ambulanz aufzusuchen, und zum anderen dem Anteil dieser Patienten, der dem Vorschlag, sich neurologisch untersuchen zu lassen, folgen wollte. Nur etwa die Hälfte der Patienten kam wegen bestehender Beschwerden zur neurologischen Abklärung, während die andere Hälfte keine Veränderungen an sich bemerkt hatte.

Methode

Als neurologische Basisuntersuchung hat sich bei uns bewährt, in jedem Falle eine ausführliche Exploration, eine standardisierte Erhebung des neurologischen und psychischen Befundes und die Ableitung eines Elektroenzephalogramms durchzuführen (Tabelle 1). Für das Elektroenzephalogramm werden zusätzlich als Aktivationsmethoden eine 3minütige Hyperventilation sowie Flickerlicht eingesetzt. Nur bei entsprechenden Befunden in der Basisuntersuchung werden weitere Zusatzuntersuchungen erwogen, d.h. z.B. Lumbalpunktion, Computertomographie, Kernspintomographie und Elektromyographie. Die Zahl der Patienten ist von 1982 bis heute rapide gewachsen und belief sich im Oktober 1986 auf 140 Patienten, von denen 79 dem Lymphadenopathie-Stadium zuzurechnen waren, 61 dem Vollbild von AIDS (Abb. 1). 7 der 140 Patienten sind Frauen, 133 sind Männer. Alle 6–12 Mo-

Tabelle 1. Neurologische Basisuntersuchung und ergänzende Untersuchungen bei HIV-Patienten

Basisuntersuchung (initial und alle 6–12 Monate):
- Exploration
- Psychischer Befund
- Neurologischer Status
- Elektroenzephalogramm (mit Aktivation)

Bei entsprechender Indikation:
- Lumbalpunktion
- Computertomographie
- Kernspintomographie
- Elektromyogramm

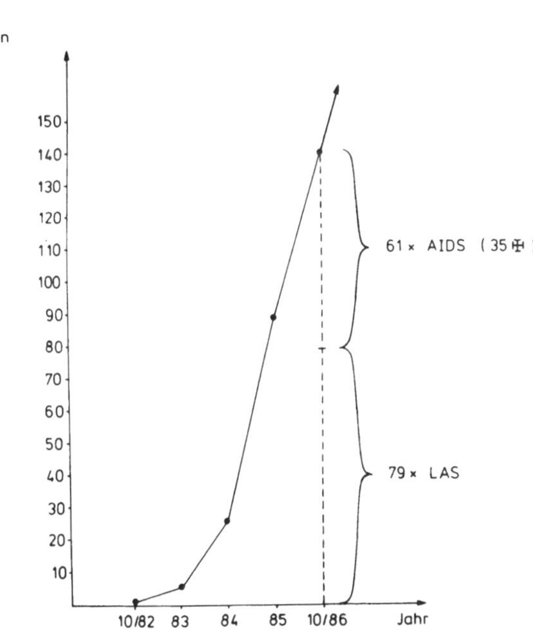

Abb. 1. Zeitliche Entwicklung der Zahl neurologisch erstuntersuchter HIV-Patienten. (Frankfurt 10/82–10/86, Kumulativ). 133 ♂, 7 ♀

nate erfolgen neurologische Verlaufsuntersuchungen, die von ca. 50% der Erstuntersuchten wahrgenommen werden. Die Kontrolluntersuchungen haben den gleichen Umfang wie die Basisuntersuchungen. Die Altersverteilung unseres Kollektivs zeigt einen Erkrankungsgipfel für Patienten zwischen 30 und 40 Jahren, der für die Hauptrisikogruppe der homosexuellen Männer durch den sexuellen Übertragungsmodus und die lebensphasisch in diesen Jahren besonders hohe sexuelle Aktivität seine Erklärung findet (Abb. 2). Die Verteilung der Risikogruppenzugehörigkeit zeigt, daß neben den Hochrisikogruppen männlicher homo- und bisexueller Männer sowie i.v. Drogensüchtiger inzwischen auch erste Fälle von Patienten auftauchen,

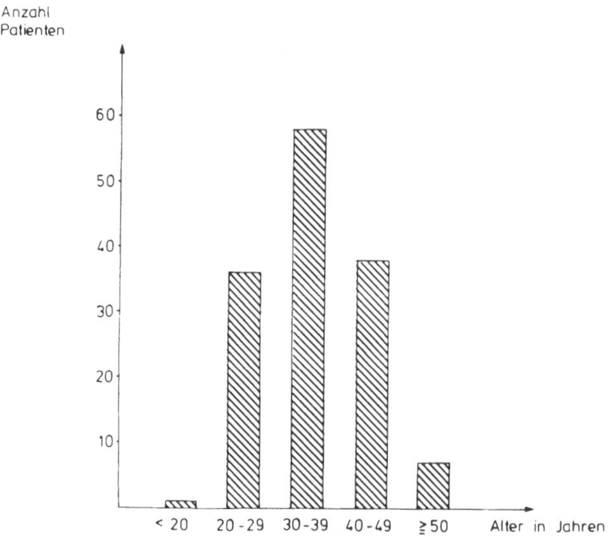

Abb. 2. Altersverteilung der 140 neurologisch untersuchten HIV-Patienten (Frankfurt, 10/82–10/86)

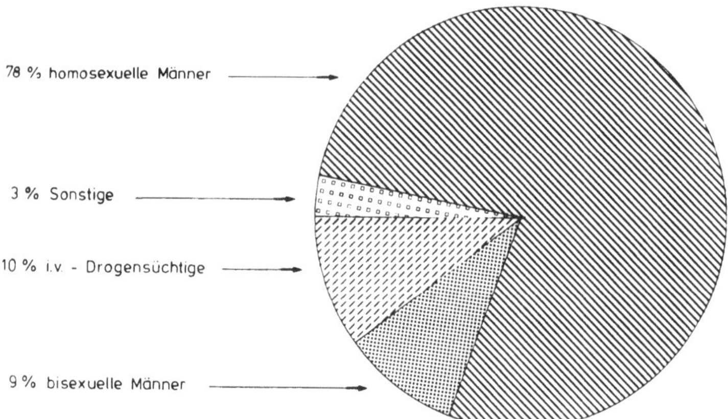

Abb. 3. Verteilung der Risikogruppenzugehörigkeit bei 140 HIV-Patienten (10/82–10/86, Frankfurt). Sonstige = 1× Hämophilie, 3× heterosexueller Kontakt mit infiziertem Partner

die sich im heterosexuellen Verkehr mit infizierten Partnern angesteckt haben (Abb. 3).

Ergebnisse

In der tabellarischen Übersicht, welche neurologischen Komplikationen bei unseren 140 untersuchten HIV-Patienten aufgetreten sind, ist zu sehen, daß mit 44 Fällen die sog. „subakute Enzephalitis" führt (Tabelle 2). Bereits an zweiter Stelle folgt die Toxoplasmose-Enzephalitis mit 18 Fällen. Die Diagnose chronischer Meningitiden wird mit der Zahl durchgeführter Obduktionen sicher weiter zunehmen, da sie bei der Sektion einen häufigen Befund darstellen und offenbar zu Lebzeiten keineswegs immer zu wesentlichen Beschwerden führen müssen. Die 4 Fälle myelitischer Syndrome zeichneten sich übereinstimmend durch eine klinisch langsam aufsteigende sensible Grenze und Paresen der Beine aus. Bei bisher 2 Patienten trat eine Kryptokokkus-Meningoenzephalitis auf, bei 3 Patienten ein primäres ZNS-Lymphom, und 3mal fand sich bei der Sektion eine ZNS-Aspergillose. In 2 Fällen sahen wir eine Lues cerebrospinalis, in 1 Fall eine progressive multifokale Leukenzephalopathie (Obduktionsbefund). In der Regel traten die Komplikationen nicht einzeln auf, sondern in unterschiedlicher Kombination. Der bisher uns bekannt gewordene Extremfall solcher Mehrfachkomplikationen war ein Patient, bei dem in der Sektion 5 verschiedene, jede für sich genommen schwere Komplikationen faßbar waren, nämlich ein primäres ZNS-Lymphom, eine ZNS-Toxoplasmose, eine ZNS-Aspergillose, ein zerebraler CMV-Befall und eine „Gliaknötchen-Enzephalitis". Die neurologischen Komplikationen traten entweder bei bestehendem AIDS-Vollbild auf, oder sie waren die Komplikation, die den Übergang aus dem Lymphadenopathie-Syndrom in das Stadium III anzeigte. Letzteres war in ca. 10% unserer Fälle so (13 von 140).

Im folgenden sollen die klinischen und technischen Zusatzbefunde unserer Patienten mit subakuter Enzephalitis, mit Toxoplasmose-Enzephalitis, mit primärem

Tabelle 2. Liste der zentralnervösen Komplikationen bei 140 HIV-Patienten (10/82–10/86, Frankfurt), Mehrfachkomplikationen häufig

Art der Komplikationen	Anzahl der Patienten
Subakute Enzephalitis	44
Toxoplasmose-Enzephalitis	18
Chronische Meningitis	17
Myelitische Syndrome	4
Primäres ZNS-Lymphom	3
ZNS-Aspergillose	3
Kryptokokkus-Meningoenzephalitis	2
Lues cerebrospinalis	2
Prog. multifok. Leukenzephalopathie	1

ZNS-Lymphom und mit Kryptokokkus-Meningoenzephalitis näher dargestellt werden. Vorausgeschickt sei, daß es bei den neurologischen AIDS-Komplikationen, wie dies bereits im vorangegangenen Beitrag angesprochen wurde, keine pathognomonischen Syndrome gibt, die für einzelne Diagnosen beweisend wären. Vielmehr gibt es nur gewisse Befundkombinationen, die eine bestimmte Diagnose wahrscheinlich machen, was dann durch den weiteren Verlauf, evtl. auch durch eine probatorische Therapie bestätigt oder widerlegt werden muß (Enzensberger u. Fischer 1986).

Die sog. *subakute Enzephalitis,* oder auch chronische AIDS-Enzephalopathie, ist ursächlich noch nicht abschließend geklärt (Tabelle 3). Vermutlich stellt sie die HIV-Enzephalitis dar, wenngleich eine Verursachung oder Mitverursachung durch andere Erreger, vor allem durch das Zytomegalievirus, weiterhin diskutiert werden (Carne et al. 1985; Navia et al. 1986a; Navia et al. 1986b; Nielsen et al. 1984). Das klinische Bild beginnt mit schleichenden psychopathologischen Veränderungen, die sich evtl. im Rahmen einer zusätzlichen internistischen Erkrankung plötzlich erkennbar verschlechtern können, so im Rahmen einer Pneumocystis-carinii-Pneumonie oder einer generalisierten CMV-Infektion. Die psychischen Veränderungen waren zunächst von milden Störungen der Mnestik und der Konzentration geprägt, später von allgemeiner Verlangsamung der Denkabläufe, affektiver Nivellierung und progredientem dementiven Abbau. Wenn im weiteren Krankheitsverlauf neurologische Befunde auftraten, bestanden diese in einer zerebralen Ataxie sowie parkinsonartigen Bildern, mit im Vordergrund stehender Akinese und Rigor. Dem EEG scheint für die subakute Enzephalitis eine besondere diagnostische Bedeutung zuzukommen, vor allem für die Frühdiagnose, wenn der psychopathologische Befund noch diskret und sein hirnorganischer Charakter noch schwer zu fassen ist (Enzensberger et al. 1985a; Enzensberger et al. 1985b; Enzensberger et al. 1986). Die typische Veränderung im EEG scheint ein allmähliches Langsamerwerden der Grundtätigkeit zu sein, wobei hier schon dem langsamen Alpha-Bereich von 8–9 Hz diagnostische Bedeutung zukommt, zumal wenn von dem betreffenden Patienten ein früheres EEG mit einer Grundtätigkeit im mittleren Alpha-Bereich vorliegt. Wir sahen bei 41 unserer HIV-Patienten ein langsames Alpha-EEG (8–9 Hz) oder eine leichte Allgemeinveränderung (6–7,5 Hz), wobei diese Patienten sämtlich psychoorganisch mehr oder weniger auffällig waren und, soweit sie sich wiedervorstellten, in 11 Fällen eine progrediente psychopathologische und EEG-Verschlechterung durchmachten. Die Lumbalpunktion zeigte oft erstaunlich diskrete Befunde; insbesondere waren nicht selten nur ein oder wenige Parameter einer differenzierten Liquordiagnostik im Sinne einer chronischen Entzündung pathologisch verändert (12 von 17). In einem Fall sahen wir oligoklonale Banden. Über die HIV-Anzuchtversuche im Liquor

Tabelle 3. Befundkonstellation bei der subakuten Enzephalitis (= AIDS-Enzephalopathie)

Klinik:	Progredienter dementiver Abbau, zerebrale Ataxie, Parkinson-Syndrom
EEG:	Langsamer Alpha-Bereich oder leichte Allgemeinveränderung
Liquor:	Diskrete chronisch-entzündliche Veränderungen. Nachweis spezifischer autochthoner Antikörper und HIV-Anzucht
CT:	Innere und äußere Hirnatrophie

wurde im Beitrag von Rübsamen-Waigmann et al. bereits berichtet (von Briesen et al. 1986), während über den Nachweis spezifischer autochthoner IgG-Antikörper im Liquor im Beitrag von Doerr et al. die Rede war. Die Computertomographie schließlich konnte in einem Teil der Fälle eine leichte Hirnatrophie nachweisen (14 von 18), die sich schwerpunktmäßig sowohl kortikal als auch in den Stammganglien abspielen konnte.

Wir haben inzwischen begonnen, bei den Patienten mit subakuter Enzephalitis auch eine psychologische Testuntersuchung vorzunehmen, die das Gedächtnis (Erlanger Syndrom-Kurztest) sowie Tempoleistungen im Umgang mit Zahlen (Test nach Dr. C. J. Hogrefe) und Worten (MWT-B) messen soll. Ein Wortschatztest dient dazu, die Primärintelligenz abzuschätzen. Bei den bisher untersuchten 17 Patienten spiegelte sich die hirnorganische Beeinträchtigung sowohl in den mnestischen als auch in den Tempoleistungen deutlich wider. Die schlechteren Testleistungen korrelierten auch im Gruppenvergleich mit dem EEG-Befund, so daß einer solchen Testung eine ergänzende diagnostische Bedeutung bei der Erfassung beginnender Fälle von subakuter Enzephalitis zukommen kann. In Tabelle 4 sind diese Befunde im Überblick dargestellt.

Neben dem beschriebenen subakuten Verlauf scheint es auch eine akute Verlaufsform der HIV-Enzephalitis zu geben, der möglicherweise die ZNS-Primärinfektion mit dem AIDS-Virus entspricht und der die HIV-Serokonversion erst nachfolgt (Carne et al. 1985; Carne u. Adler 1986). In diesen Fällen kommt es nach einer akuten Virus-Meningoenzephalitis spontan zu einer klinisch und zusatztechnisch vollkommenen Remission innerhalb einiger Wochen, wie wir dies bei einem unserer Patienten beobachten, bei zwei Patienten anamnestisch vermuten konnten. Eine Behandlung der subakuten Enzephalitis ist bis jetzt nicht bekannt.

Als zweites wichtiges Krankheitsbild soll die *Toxoplasmose-Enzephalitis* besprochen werden (Tabelle 5) (Enzensberger et al. 1985c; Enzensberger et al. 1985d; En-

Tabelle 4. Testvergleich zwischen HIV-Patienten mit mittelschnellem Alpha-EEG und solchen, deren EEG im Grenzbereich zur Allgemeinveränderung liegt. [*M1/M2/M3*, Mnestikprüfungen nach dem Erlanger Syndrom-Kurztest (12 angebotene Bilder); *ZVT*, Zahlenverbindungstest (in min/s); *WAT*, Wortauswahltest (in min/s); *WS*, Wortschatz (aus 37 Begriffen)]

Test	Gruppe 1 ($n=8$)	Gruppe 2 ($n=9$)
EEG	10–11 Hz	7–8,5 Hz
M1	6,9/12	4,7/12
M2	5,6/12	3,9/12
M3	11/12	9,9/12
ZVT	1'47	3'45
WAT	3'20	6'24
WS	30,3/37	29,3/37

Tabelle 5. Befundkonstellation bei Toxoplasmose-Enzephalitis bei AIDS

Klinik:	Organisches Psychosyndrom, Herdsymptome, epileptische Anfälle, Kopfschmerzen
EEG:	Leichte bis mittelschwere Allgemeinveränderung plus Herd
Liquor:	Diskret entzündlich verändert, Toxoplasmose-Titer in der Regel nur niedrig positiv, kein Titer-Anstieg
CT:	Multiple Läsionen, ringförmige Kontrastmittelaufnahme, ausgeprägtes Begleitödem
Therapie:	Diagnostische Sicherung durch erfolgreiche probatorische Toxoplasmose-Therapie

zensberger et al. 1985e). Klinisch führen oft die psychoorganischen Veränderungen, die recht akut auftreten und primär ausgeprägter sind, als bei der subakuten Enzephalitis, im Sinne des hirnorganischen Psychosyndroms, mit Desorientiertheit und Bewußtseinsstörungen wechselnden Ausmaßes. Die Stimmung war bei unseren Patienten oft auffallend subeuphorisch verändert. Im unbehandelten Verlauf traten dann bald neurologische Herdsymptome hinzu, d.h. Hemiparesen, Aphasien, homonyme Gesichtsfeldstörungen und zerebelläre Ataxien, je nach Lokalisation der Toxoplasmosegranulome. Bei Granulomsitz im Stammganglienbereich haben wir auch Parkinson-Syndrome gesehen. Außerdem kam es häufig zu fokalen oder generalisierten Krampfanfällen. Wegen des zunehmenden entzündlichen Ödems klagen die Patienten oft auch über (lokalisierte) Kopfschmerzen, ohne daß ein Meningismus vorzuliegen braucht. Das Elektroenzephalogramm weist als Ausdruck einer diffusen Enzephalitis meist eine Allgemeinveränderung verschiedenen Grades auf sowie zusätzlich herdförmige Veränderungen an den Orten des Granulomsitzes. Die Untersuchung des Liquor cerebrospinalis durch Lumbalpunktion ist diagnostisch wenig hilfreich, da mit pathologischen Toxoplasmosetitern in IFT (Immunfluoreszenztest) und KBR (Komplementbindungsreaktion) nicht gerechnet werden darf. Als Ausdruck der früher durchgemachten Erstinfektion sind die IFT-Titer meist niedrig positiv, ohne Titeranstieg im Krankheitsverlauf und ohne IgM-Produktion wegen des Immundefekts. Die Zellzahl kann völlig normal sein, das Gesamteiweiß leicht erhöht. Die Computertomographie deckt in oft eindrucksvollem Gegensatz zur noch mäßig ausgeprägten Klinik ausgedehnte und in der Regel multiple Hirnläsionen in Groß- und Kleinhirn auf, mit meist ringförmiger Kontrastmittelaufnahme und erheblichem perifokalen Begleitödem. Im Beitrag von Hacker u. Merdes werden entsprechende Befunde vorgestellt. Bei klinischem Toxoplasmoseverdacht, d.h. HIV-Patienten mit multiplen ZNS-Läsionen mit ringförmiger Kontrastmittelaufnahme, Begleitödem, allgemeinverändertem EEG und subakutem bis akutem Krankheitsverlauf, sollte durch eine probatorische Toxoplasmosebehandlung die diagnostische Entscheidung gesucht werden. In aller Regel bilden sich dann die klinischen Symptome innerhalb von 1 Woche mehr oder weniger komplett zurück, EEG und CT bessern sich innerhalb von 4 Wochen, evtl. unter Hinterlassung eines stationären Defektbildes. Wir führen die Therapie mit 50 mg Pyrimethamin (= Daraprim) und 500 mg Sulfametoxydiazin (= Durenat) pro Tag durch, unter gleichzeitiger Folinsäuregabe in Form von 1 × 1 Leucovorin. Wenn nach 4 Wochen ein entsprechender Behandlungserfolg eingetreten ist, kann auf eine Dauerprophylaxe durch Absetzen des Durenats umgestellt werden. Die Dauerprophylaxe ist erforderlich, da auch wir in 3 Fällen nach Absetzen der Toxoplasmosetherapie (u.a. wegen Allergie und

Tabelle 6. Befundkonstellation beim primären ZNS-Lymphom bei AIDS

Klinik:	Organisches Psychosyndrom, Herdsymptome, epileptische Anfälle, Hirndrucksyndrom
EEG:	Herdbefund
CT:	Einzelne Läsion, mit Kontrastmittelaufnahme und Begleitödem
Therapie:	Fehlendes Ansprechen auf eine probatorische Toxoplasmose-Therapie

Tabelle 7. Befundkonstellation bei der Kryptokokkus-Meningoenzephalitis bei AIDS

Klinik:	Kopfschmerzen, Bewußtseinstrübung, epileptische Anfälle, Hirnnervenausfälle
Liquor:	Nachweis der Kryptokokken im Tuschepräparat. Positive Kultur, Antigen-Nachweis
EEG:	Zunächst unauffällig, später zunehmend allgemeinverändert
CT:	Kann unauffällig sein, eventuell Hydrozephalus oder Kryptokokkom

Thrombozytopenie) prompte Rezidive innerhalb weniger Wochen gesehen haben. Wenn die Toxoplasmosetherapie nicht anspricht, sondern Klinik und CT-Befund fortschreiten sowie eine zunehmende Hirndrucksymptomatik auftritt, ist die wahrscheinlichste Differentialdiagnose ein *ZNS-Lymphom*. Diese Differentialdiagnose ist primär zu erwägen, wenn computertomographisch nur eine einzelne ZNS-Läsion vorliegt und wenn die Allgemeinveränderung im EEG fehlt und nur ein deutlicher Herdbefund vorhanden ist (Tabelle 6).

Als letztes Komplikationsbeispiel soll noch kurz auf die *Kryptokokkus-Meningoenzephalitis* eingegangen werden, deren Leitsymptom zunehmende, starke Kopfschmerzen darstellen, evtl. ohne Meningismus (Tabelle 7) (Enzensberger et al. 1987). Im weiteren Krankheitsverlauf haben wir Krampfanfälle, zunehmende Bewußtseinstrübung und Hirnnervenausfälle gesehen. Der Verlauf ist rasch. EEG und CT können zunächst unauffällig sein. Die Liquoruntersuchung bringt die Diagnose, indem man die Kryptokokken im Tuschepräparat direkt sieht. Entscheidend ist, daß man bei HIV-Patienten an diese Differentialdiagnose denkt und ein Tuschepräparat herstellt. In der normalen zytologischen Färbung kann man die Kryptokokken leicht mit Lymphozyten verwechseln. Trotz Einleitung einer antimykotischen Behandlung mit Amphotericin B und Flucytosin ist die Prognose ungünstig. Auch unsere beiden bisherigen Patienten sind trotz Therapie verstorben, die eine Patientin nach anfänglicher Besserung.

Diskussion

Am Ende nun noch einige Vorschläge zum rationalen und rationellen Prozedere in der neurologischen Diagnostik von Patienten mit HIV-Infektion, was in einem Flußdiagramm veranschaulicht werden soll (Abb. 4). Wie eingangs betont, sollte am Anfang immer eine neurologische Basisuntersuchung stehen mit Exploration, psychischem und neurologischem Befund sowie EEG, da hierdurch die Weichen für die weitere Diagnostik gestellt werden. In der Basisuntersuchung unauffällige Patienten

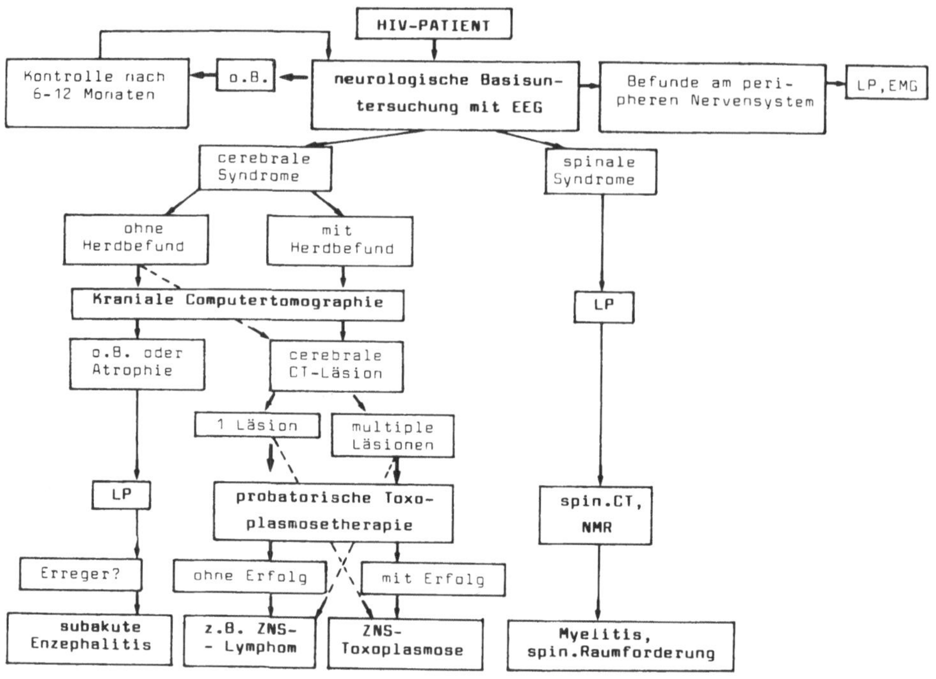

Abb. 4. Diagnostische Pfade zur Abklärung der häufigsten ZNS-Komplikationen bei Patienten mit HIV-Infektion

sollten ca. alle 6–12 Monate verlaufsuntersucht werden, wenn nicht Beschwerden früher dazu zwingen. Patienten mit peripher-neurologischer Symptomatik werden durch entsprechende Diagnostik, insbesondere LP und EMG weiter abgeklärt. Bei den zerebralen Syndromen wird immer die kraniale CT der nächste Schritt sein. Bei Nachweis zerebraler Läsionen kann durch eine probatorische Toxoplasmosetherapie die Differentialdiagnose ZNS-Toxoplasmose gegen andere zerebrale Prozesse, in erster Linie das primäre ZNS-Lymphom, gestellt werden. Bei der subakuten Enzephalitis sowie der Myelitis sollte der Verdacht auf eine entzündliche Erkrankung des Nervensystems immer durch eine Lumbalpunktion erhärtet werden. Diese Liquorprobe kann dann auch, soweit die Möglichkeiten bestehen, für die Frage der HIV-Anzüchtbarkeit und des Nachweises autochthoner spezifischer Antikörper genutzt werden.

Abschließend soll noch einmal betont werden, daß bei der neurologischen Diagnostik von HIV-Patienten sicher zwischen der praktisch-klinischen Situation und der wissenschaftlichen Annäherung an diese neuartigen Krankheitsbilder unterschieden werden muß. Häufig würde man sich im letzteren Falle ausgedehntere Untersuchungen wünschen, als HIV-Patienten in Anbetracht fehlender therapeutischer Konsequenzen oder fortgeschritten reduziertem Allgemeinzustand zuzustimmen bereit sind. Unabhängig von solchen Überlegungen bietet aber die regelmäßige Vorstellung beim Nervenarzt auf jeden Fall die Chance einer psychosozialen Betreuung, im Sinne der ärztlichen Führung, eine Aufgabe, die gerade bei Patienten mit dieser heimtückischen Infektionskrankheit besonders schwierig, andererseits aber auch besonders notwendig ist.

Literatur

Briesen H von, Becker WB, Helm EB, Enzensberger W, Fischer P-A, Brede HD, Rübsamen-Waigmann H (1986) Isolierung von AIDS-assoziierten Retroviren (AAV) aus Blut und Liquor cerebrospinalis von AIDS- und LAS-Patienten mit neurologischer Symptomatik. In: Helm EB, Stille W (Hrsg) AIDS II. Zuckschwerdt, München Bern Wien

Brodt HR, Helm EB, Werner A, Joetten A, Bergmann L, Klüver A, Stille W (1986) Spontanverlauf der LAV/HTLV III-Infektion. Dtsch Med Wochenschr 111:1175–1180

Carne CA, Adler MW (1986) Neurological manifestations of human immunodeficiency virus infection. Br Med J 293:462–463

Carne CA, Tedder RS, Smith A, et al (1985) Acute encephalopathy coincident with seroconversion for anti-human T-lymphotropic virus type III. Lancet II:1206–1208

Enzensberger W, Fischer P-A, Helm EB, Stille W (1985a) Value of electroencephalography in AIDS. Lancet I:1047–1048

Enzensberger W, Helm EB, Fischer P-A (1985b) EEG-Verlaufsuntersuchungen bei Patienten mit AIDS. Z EEG-EMG 16:58–59

Enzensberger W, Helm EB, Japp G, Fischer P-A, Stille W (1985c) Neurologische Komplikationen bei AIDS – 3 eigene Fälle von Toxoplasmose-Enzephalitis. In: Gänshirt H, Berlit P, Haack G (Hrsg) Verhandlungen der Deutschen Gesellschaft für Neurologie. Springer, Berlin Heidelberg NewYork Tokyo, S 753–757

Enzensberger W, Hochhut M, Helm EB, Stille W, Fischer P-A (1985d) Toxoplasma-gondii-Enzephalitis, ein altes Krankheitsbild unter neuem Aspekt. In: Helm EB, Stille W (Hrsg) AIDS. Zuckschwerdt, München Bern Wien, S 141–151

Enzensberger W, Helm EB, Hopp G, Stille W, Fischer P-A (1985e) Toxoplasmose-Enzephalitis bei Patienten mit AIDS. Dtsch Med Wochenschr 110:83–87

Enzensberger W, Helm EB, Stille W, Fischer P-A (1985f) Neurological complications in patients afflicted with AIDS. J Neurol [Suppl] 232:252

Enzensberger W, Helm EB, Brodt R, Stille W, Fischer P-A (1985g) Neurologische Komplikationen bei AIDS – Eigene Erfahrungen in den Universitätskliniken Frankfurt/M. Klin Wochenschr [Suppl IV] 63:97–98

Enzensberger W, Fischer P-A (1986) Neurologische Leitbefunde bei AIDS. In: Helm EB, Stille W (Hrsg) AIDS II. Zuckschwerdt, München Bern Wien, S 115–119

Enzensberger W, Helm EB, Fischer P-A (1986) Electroencephalographic follow-up examinations in acquired immune deficiency syndrome patients. Electroencephalogr Clin Neurophysiol 63:28

Enzensberger W, Fischer P-A, Gräfin Vitzthum H, Schlote W, Just G, Helm EB, Stille W (1987) Cryptococcus-Meningoenzephalitis bei AIDS. In: Verhandlungen der Deutschen Gesellschaft für Neurologie, Bd 4. Springer, Berlin Heidelberg NewYork Tokyo (im Druck)

Helm EB, Bergmann L, Elbert M, Kurth R, Mitrou PS, Shah PM, Stille W (1983) Erworbenes Immundefekt-Syndrom (AIDS) bei männlichen Homosexuellen in Frankfurt am Main. MMW 125:1129–1134

Navia BA, Jordan BD, Price RW (1986a) The acquired immune deficiency syndrome dementia complex I. Clinical features. Ann Neurol 19:517–524

Navia BA, Cho ES, Petito CK, Price RW (1986b) The acquired immune deficiency syndrome dementia complex II. Neuropathology. Ann Neurol 19:525–535

Nielsen SL, Petito CK, Urmacher CD, Posner JB (1984) Subacute encephalitis in acquired immune deficiency syndrome: A postmortem study. Am J Clin Pathol 82:678–682

CT-Befunde am Gehirn bei AIDS

H. Hacker und W. Merdes

Zerebrale CT-Befunde bei AIDS-Kranken sind seit den Beobachtungen von Kelly u. Brandt-Zawadzki (1983) an 10 Patienten in zunehmender Zahl berichtet worden.

Burstyn et al. (1984) berichten über ihre Beobachtungen bei 30 AIDS-Patienten und beschrieben im wesentlichen drei Veränderungen:

1. Ringförmige Kontrastmittel anreichernde Läsionen, umgeben von hypodensen Regionen, die nur sehr gering oder verhältnismäßig gering raumfordernd erscheinen. Diese waren häufig bei einer Toxoplasmose zu beobachten.
2. Unscharf begrenzte periventrikuläre Dichteminderungen ohne Raumforderung waren typisch für eine progressive, multifokale Leukoenzephalopathie.
3. Ausgeprägte kortikale Atrophie war häufig bei jungen Patienten, entsprach einer schweren Hirnschädigung und war mit einer schlechten Prognose behaftet.

Kelly u. Brandt-Zawadzki (1983) beobachteten in einigen Fällen erweiterte Temporalhörner.

Post et al. (1983) analysierten die Anamnese, klinische Angaben, histologische Ergebnisse und CT-Befund bei 8 Haitianern mit einer Toxoplasmose des ZNS. In einer späteren Arbeit beschreiben Post et al. (1986) 10 Fälle mit einer Zytomegalie-Virusencephalitis bei AIDS.

Im September 1986 erschien eine Studie von Levy et al., die 200 Aids-Patienten mit neurologischen Symptomen einschloß. Hier wurden diagnostische Spezifität und prognostischer Wert der Schädel-CT untersucht.

Die Vielfältigkeit der erhobenen Befunde und die Schwierigkeit, sie zu systematisieren oder gar eine spezifische Diagnose zu stellen, werden von allen Autoren betont.

Die Vieldeutigkeit der Befunde scheint auch durch die Kernspintomographie nicht auflösbar zu sein; es wird jedoch darauf hingewiesen, daß die oft sehr feinen Veränderungen in der weißen Substanz in der Kernspintomographie früher und besser erkennbar werden.

An unserer Abteilung wurden bei 31 Kranken 69 CT-Untersuchungen durchgeführt. In 9 Fällen konnte eine autoptische Sicherung der Diagnose erfolgen. Bei 20 Patienten mit Verlaufsuntersuchungen von 1–5 Kontrollen, die sich über einen Zeitraum von einigen Wochen bis zu 12 Monaten erstreckten, konnte der Verlauf der zerebralen Erkrankungen beobachtet werden.

Die Untersuchungen wurden mit dem Somatom 2N unter Verwendung von 8 mm, 4 mm und sehr selten 2 mm Schichtdicke vorgenommen. Bei den meisten Untersuchungen wurde Kontrastmittel (400 mg J/kg) i.v. verabreicht. Alle Patienten hatten psychische oder neurologische Symptome, die eine zerebrale Erkrankung annehmen ließen. Screening-Untersuchungen wurden nicht vorgenommen.

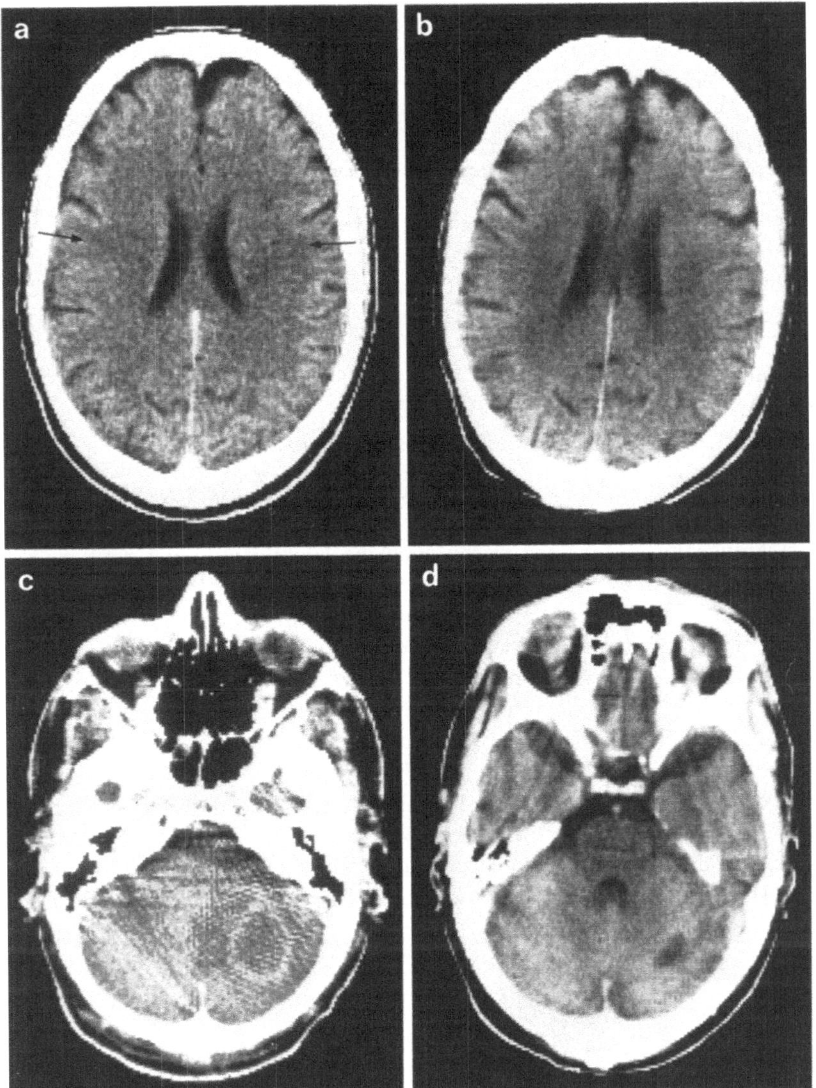

Abb. 1a–d. Fall 3 bei Schlote. Klinische Diagnose: SE, Toxoplasmose. Verstorben am 14.5.85. (a) 13.7.84: Leichte Erweiterung der äußeren Liquorräume. Bds. im parietalen Marklager bis subkortikal reichende, mäßige Dichteminderung mit diffusen Grenzen. (b) 6.2.85: Geringe Zunahme der Erweiterung der Liquorräume. Ausdehnung der Dichteminderung auf das gesamte Marklager. Diffuse Abgrenzung zum Kortex. (c) 22.3.84: Kontrastmittelspeichernde Ringstruktur von 3 cm Durchmesser im Kleinhirn re. Ödem der gesamten Kleinhirnhemisphäre. 4. Ventrikel komprimiert. (d) 6.2.85: Normale Raumverhältnisse in der hinteren Schädelgrube. In der re. Kleinhirnhemisphäre zystischer Defekt von 1 cm Ausdehnung ohne Reaktion. *Kommentar:* Erfolgreiche Behandlung eines Toxoplasmoseherdes mit Ödem. 4 Monate nach der Erstdiagnose tritt eine Enzephalopathie parietal auf, die sich in den folgenden 7 Monaten mit nur geringer, begleitender Atrophie auf das gesamte Marklager ausdehnt. Möglicherweise direkte Folge der HIV-Infektion

Dementsprechend waren Normalbefunde selten. Insgesamt war bei nur 3 Kranken kein mit der AIDS-Erkrankung in Zusammenhang stehender Befund vorhanden. Klinisch wurde bei allen 3 Patienten eine progrediente, subakute Enzephalitis diagnostiziert. Einer der Kranken zeigte eine Hirnatrophie, hier war jedoch ein Alkoholabusus bekannt.

Die positiven Befunde ließen sich unschwer in eine gewisse Systematik bringen.

Insgesamt konnten wir folgende Diagnosen stellen:

Atrophie	5
– enzephalitische Reaktionen	5
– granulomatöse Reaktionen	11
– Tumoren	4
– progrediente Atrophie	5
– zystische Ausheilung	3

Einige Patienten hatten gleichzeitig mehrere Befunde.

Geringe atrophische Veränderungen konnten 5mal gesehen werden. Dabei handelt es sich um eine geringe Vertiefung und Verbreiterung der Hirnfurchen und des Interhemisphärenspaltes. Mehrfach waren auch die Kleinhirnfurchen deutlich erkennbar. Das Ventrikelsystem war lediglich verplumpt, unter Betonung der Temporalhörner. Bei den meist jungen Patienten ist dieser Befund durchaus bemerkenswert, die Ursachen sind unklar und können deshalb auch außerhalb eines Zusammenhanges mit der AIDS-Erkrankung stehen. Bei einer Patientin war Alkoholmißbrauch bekannt, der Ernährungszustand war bei den meisten Patienten sehr schlecht, in einigen Fällen bestand eine Kachexie.

Als enzephalitische Reaktionen fassen wir bei den jüngeren Patienten die meist bilateralen, gering bis mäßiggradigen Dichteminderungen auf, die sich fleckförmig oder konfluierend mit unscharfen Grenzen zeigen. Sie liegen vorwiegend im Marklager periventrikulär, im Temporalpol, seltener frontal oder okzipital (Abb. 1a, b und Abb. 2). Bei ihrer Verteilung im Marklager sind sie von einer vaskulären Enze-

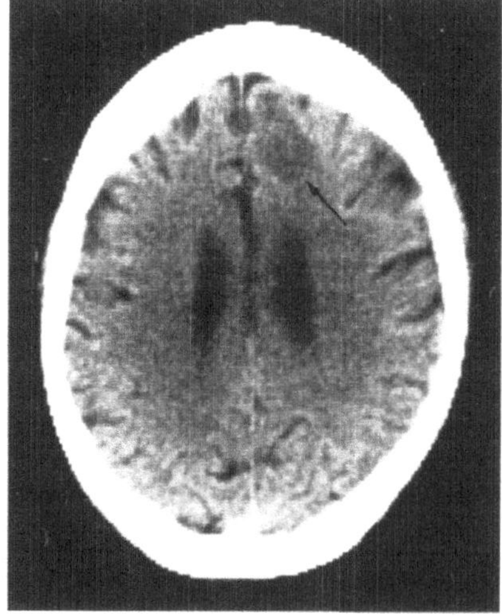

Abb. 2. Fall 19 bei Schlote. CT-Untersuchung vom 27.5.86. Verstorben am 20.7.86. Klinische Diagnose: SE, Toxoplasmose (in Stammganglien li. in CT nachgewiesen, erfolgreich behandelt). Die vorliegende CT zeigt frontal re. eine subkortikale Dichteminderung mit relativ scharfer, aber unregelmäßiger Grenze zum Marklager. Auf späterer Aufnahme war dieser Befund kaum verändert. Histologie: Verdacht auf Infektion mit Papavovirus

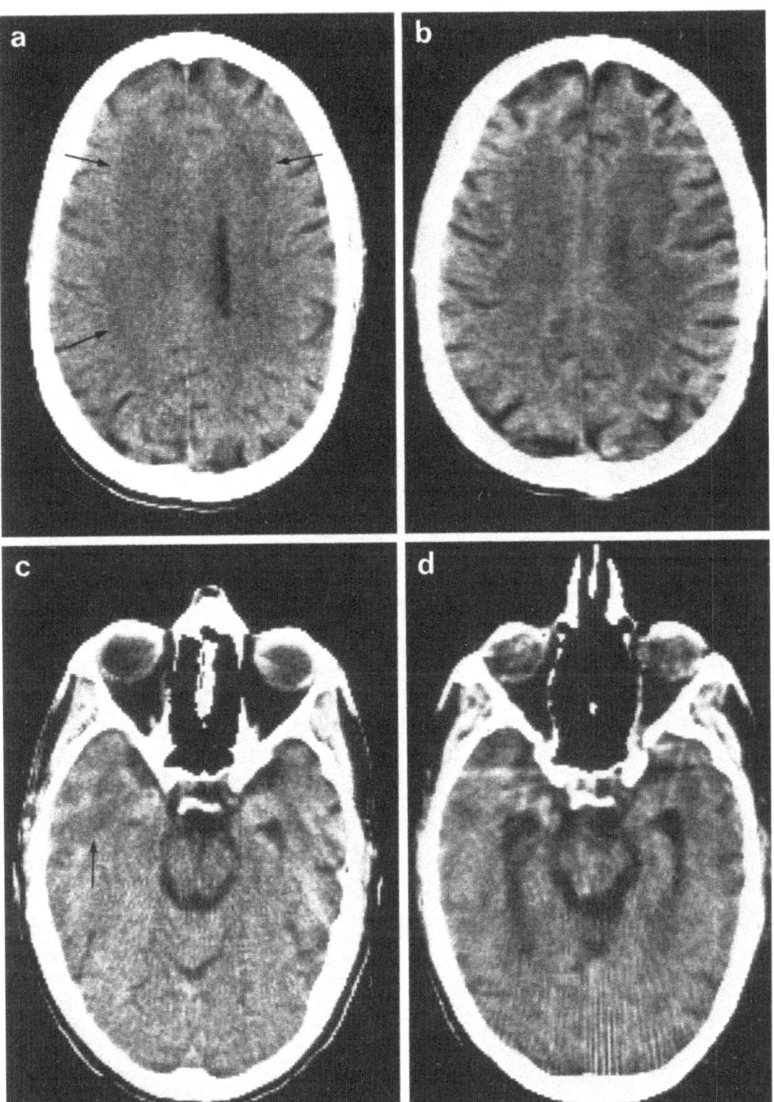

Abb. 3a–d. Neuroradiologische Beobachtungen von Juli bis September 1986. Klinisch während dieser Zeit Beserung neurologischer Herdsymptome unter Toxoplasmosetherapie. Gleichzeitig SE. Neuroradiologisch kein Hinweis auf Toxoplasmose. Diffuse Dichteminderungen im Marklager bds. (a: CT vom 22. 7. 86) und ausgeprägt im li. Temporallappen rostral mit Verdacht auf Schwellung und Einengung des li. Temporalhorns (c: CT vom 5. 8. 86). Bei der Kontrolle am 8. 9. 86 Erweiterung der äußeren Liquorräume. Wesentlich stärker ausgeprägte Dichteminderung im Marklager, teilweise bis subcortikal (b). Atrophie des li. Temporallappens mit Erweiterung des li. Temporalhorns (d). Neuroradiologische Diagnose: Enzephalitis temporal und Enzephalopathie mit progredienter Hirnatrophie

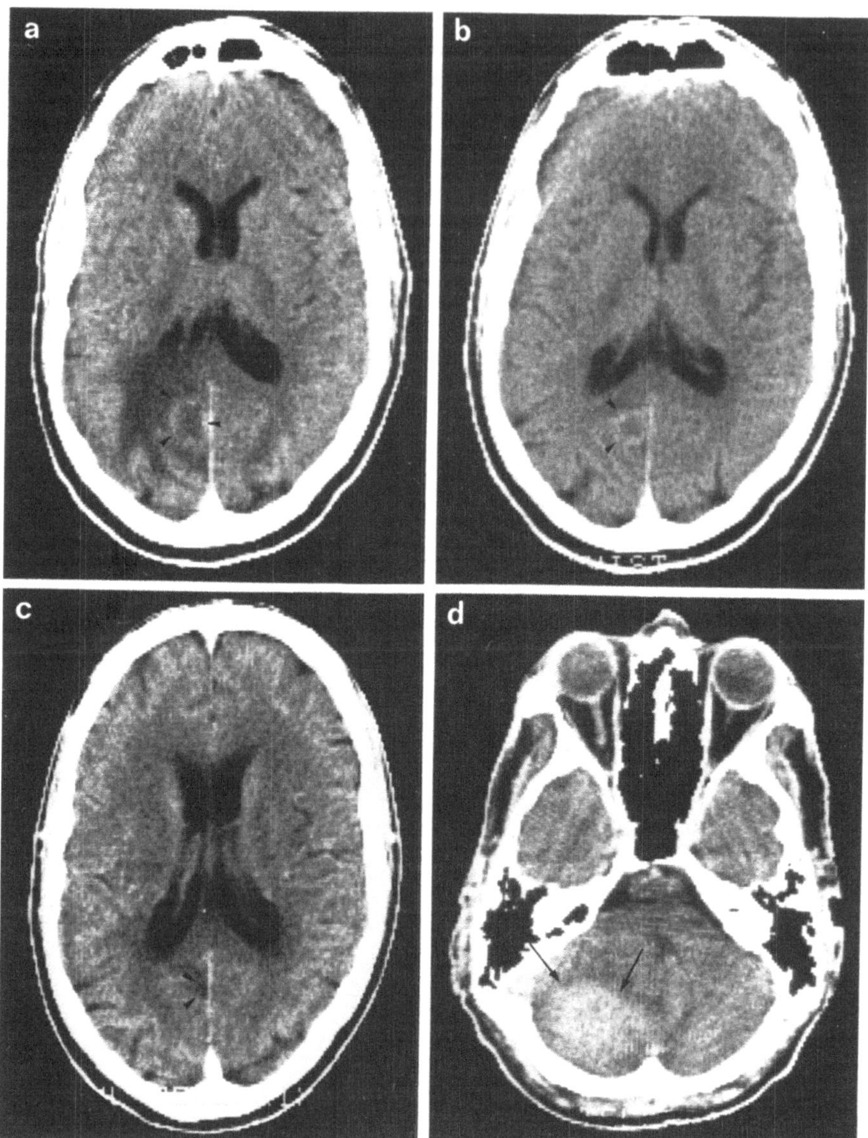

Abb. 4a–d. Fall 14 bei Schlote. CT-Untersuchungen vom 17. 7. 85, 8. 8. 85 und 8. 1. 86. Verstorben am 15. 2. 86. Klinisch: Toxoplasmose. Am 17. 7. 85 (a) werden li. und re. okzipital starke Dichteminderungen nachgewiesen. Li. okzipital-medial gering kontrastmittelspeichernde, ringförmige Struktur. Am 8. 8. (b) ist unter Therapie der Toxoplasmose das Ödem bds. verschwunden; man erkennt die noch etwas kleinere, ringförmige Struktur li. okzipital mit zentraler Nekrose. Am 8. 1. 86 ist nur noch an gleicher Stelle eine lokale, ausgeprägte Dichteminderung zu erkennen (c). Gleichzeitig ist li. im Kleinhirn ein großer, kontrastmittelspeichender Tumor ohne Ödem entstanden (d). Nach Autopsie handelt es sich um ein malignes Lymphom

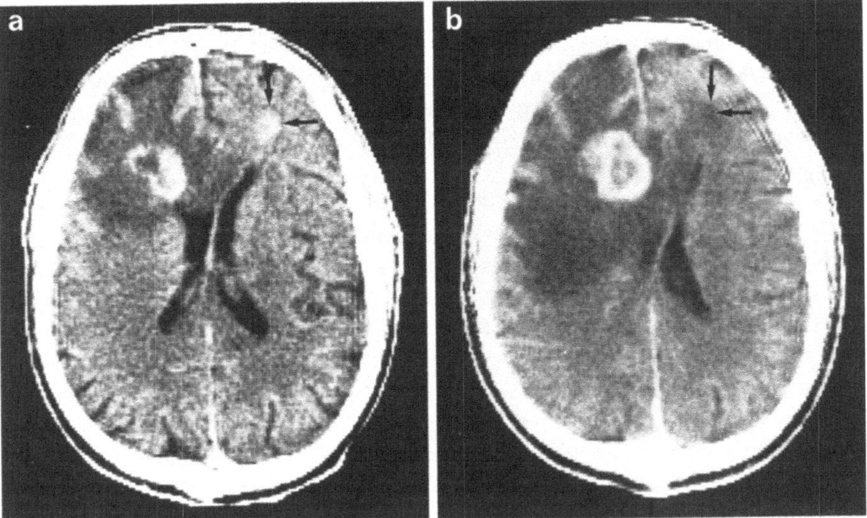

Abb. 5a, b. Histologisch: Malignes Lymphom li. Klinisch: Toxoplasmose. (a) CT vom 24.8.84: Li. frontal großes Ödem mit speicherndem Herd, der eine zentrale Nekrose zeigt, unmittelbar vor dem Vorderhorn gelegen. Vor dem re. Vorderhorn kleiner, runder Herd mit Enhancement. (b) CT vom 27.9.84: Unter Toxoplasmosetherapie ist der re. Herd in eine kleine zentrale Dichteminderung übergegangen. Der li. Herd hat sich vergrößert, Ödem und Raumbeschränkung haben erheblich zugenommen. Neuroradiologisch ist deshalb re. ein Toxoplasmoseherd, li. ein malignes Lymphom wahrscheinlich

phalopathie oder auch von MS-Herden kaum zu unterscheiden. Bei der Altersgruppe unter 40 Jahren, zu der die meisten Patienten gehören, ist jedoch eine vaskuläre Enzephalopathie sehr unwahrscheinlich. Der Befall des vorderen Teils des Temporallappens ist für eine Enzephalitis typisch. Nach Verabreichung von 100 ml Kontrastmittel mit einem Jodgehalt von 300 mg/ml tritt die Hirnrinde gelegentlich hyperämisch hervor, manchmal auch nur in bruchstückhaften Abschnitten.

Bei Verlaufsuntersuchungen zeigen sich die Dichteminderungen oft über längere Zeit unverändert, unabhängig von der Behandlung gleichzeitig bestehender Toxoplasmoseherde. Im Verlauf von Monaten kommt es zu Erweiterungen von Liquorräumen, besonders über der Konvexität und in der Fossa temporalis, meist werden auch die Temporalhörner und der 3. Ventrikel weiter. Die Verplumpung der Seitenventrikel ist hingegen weniger auffallend. Klinisch wurde bei diesen Patienten meist eine progrediente subakute Enzephalitis diagnostiziert; es konnten zusätzlich jedoch auch Herdsymptome bestehen, meist durch eine Toxoplasmose. Der dementive Abbau ist klinisch erheblich ausgeprägter, als die oft nur diskreten morphologischen Atrophiezeichen vermuten lassen (Abb. 3a–d).

Granulomatöse Reaktionen (11 Fälle) zeigten zum Zeitpunkt der ersten Untersuchung meist massive, scharf begrenzte Dichteminderungen vom Ödemtyp, oft mit deutlichen Zeichen der lokalen Raumbeschränkung mit Verlagerung des Ventrikelsystems (8mal). Das Bild entspricht dem Befund bei einer Metastase mit fingerförmigem Ödem (Abb. 4a–b). Nach Kontrastmittelgabe findet sich ein hyperämischer Kortex, oft auch eine zentrale, punkt- oder kugelförmige Kontrastmittelanreicherung, typischer eine ringförmige Läsion, die dem Bild eines Abszesses oder einer nekrotischen Metastase entspricht (Abb. 1c–d). Auch ein Gliom kann differentialdiagnostisch in Betracht kommen. Sehr kleine, punktförmige Herde von 1–2 mm Größe, die nur nach Kontrastmittelgabe stark speichern, in der weißen Substanz auftreten, entsprechen wohl Entzündungen im Anfangsstadium. Sie heilen zystisch aus (Abb. 5a, b).

Vom radiologischen Aspekt her ist nach einmaliger Untersuchung die artdiagnostische Abgrenzung ringförmiger, stark kontrastmittelspeichernder Befunde kaum möglich. Bei den AIDS-Kranken ist als häufigste Diagnose, auch, wenn kein hoher Titer für eine Toxoplasmose besteht, ein akutes Granulom bei einer Toxoplasmose anzunehmen. Wird eine spezifische Therapie durchgeführt, so werden die Herde innerhalb von 14 Tagen kleiner, das Ödem verschwindet, und zwar ohne Kortisongabe, nur unter Daraprim und Durenat. In den folgenden 4 Wochen speichern die Herde kein Kontrastmittel mehr, sie werden isodens und schließlich bilden sich stark hypodense, zystische Defekte, die sich im Verlauf weiterer Monate noch verkleinern (Abb. 1c, d). Bei Unterbrechung der Behandlung durch äußere Gründe nehmen die Herde wieder an Größe und Dichte zu. Ein solcher Verlauf ist für eine Toxoplasmose beweisend. In einem Fall, der auf eine Toxoplasmosetherapie nicht ansprach und auch keinen Rückgang des Begleitödems zeigte, ergab die Hirnsektion ein Lymphom (Abb. 5a, b).

Gleichzeitig mit solchen granulomatösen Reaktionen können enzephalitische Reaktionen mit diffusen Dichteminderungen bestehen oder sich entwickeln. Eine histologisch bewiesene Kryptokokkose kann Herde hervorrufen, die von einer abgelaufenen Toxoplasmose nicht unterscheidbar sind (Abb. 6).

Tumoröse Erscheinungen sind bei einmaliger Untersuchung von granulomatösen Herden nur dann abzugrenzen, wenn sie als primär mäßig dichte und gut speichernde, glatt begrenzte Herde im Parenchym auftreten. Das umgebende Ödem ist bei Lymphomen gelegentlich nur gering (2 Fälle im Kleinhirn) (Abb. 4d). In dem

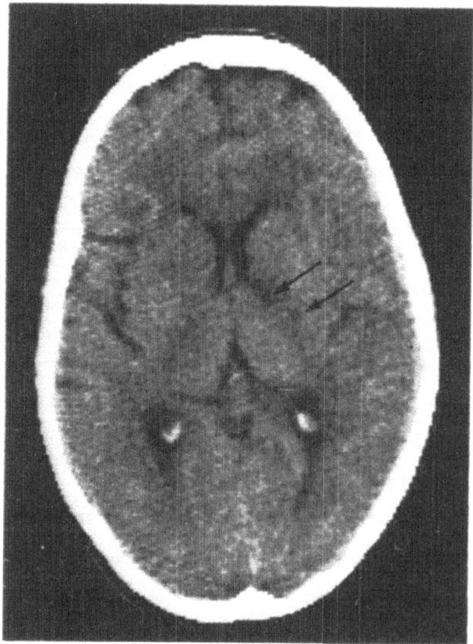

Abb. 6. Fall 12 bei Schlote: Kryptokkokusinfektion. CT am 23.12.85 völlig normal. Am 1.1.86 zwei kleine, dichtegeminderte Herde re. in der Capsula interna, auf die Stammganglien übergreifend. Verstorben am 28.1.86

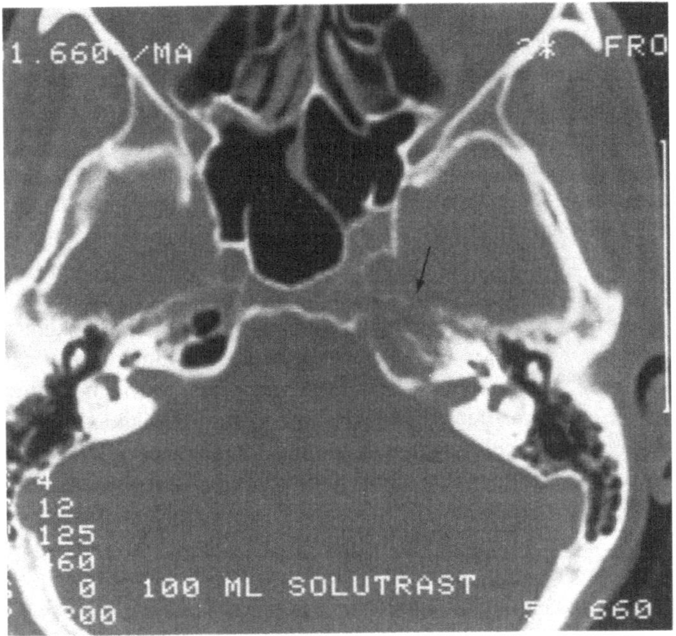

Abb. 7. Knochendestruktion an der re. Pyramidenspitze. Da die Biopsie einer Destruktion an der re. Klavikula ein Immunozytom ergab, ist auch an der Pyramide eine gleiche Läsion wahrscheinlich. Es bestand ein weiterer Herd in der BWS

Fall einer zerstörten Pyramidenspitze lag der Verdacht auf ein Immunozytom bei einem nachgewiesenen Immunozytom an der Klavikula nahe (Abb. 7).

Diskussion

Ähnlich wie für die bisherigen Autoren über die Beobachtungen zerebraler Veränderungen bei AIDS, ist es auch für uns sehr schwer, aus einer einmaligen Untersuchung eine genaue Artdiagnose zu stellen. Unter Berücksichtigung der klinischen Daten und des Alters dieser Patientengruppe erscheint es uns aber doch möglich, eine grobe diagnostische Einteilung der neuroradiologischen Befunde vorzunehmen. Grundlage dafür ist die Reaktion des Gehirngewebes auf verschiedene Erregergruppen.

Dabei ist die Reaktion auf eine virale Erkrankung das Bild einer Enzephalitis oder Enzephalopathie. Bei unseren Fällen, die zur Autopsie gelangten, konnte nur das Zytomegalievirus nachgewiesen werden, in einem Fall war Papavovirus wahrscheinlich. Es wird heute angenommen, daß auch das HIV selbst zu solchen Veränderungen führt. Als Reaktion auf eine Infektion mit Bakterien, Protozoen oder Pilzen ist eine granulomatöse Reaktion des Gehirns zu erwarten. Bei unseren entsprechenden Befunden handelt es sich meist um Toxoplasmose.

In der Differentialdiagnose trennen sich akute Toxoplasmose und Lymphom durch die Besserung der Toxoplasmoseherde nach 14 Tagen Therapie. Dichtegeminderte Herde ohne Speicherung und ohne Veränderung im Zeitverlauf sind vieldeutig – wie unser Fall von Kryptokkokose zeigt. Pilzinfektionen scheinen erst präfinal und dann generalisiert aufzutreten (Schlote, pers. Mitt.). Wir haben keine entsprechenden CT-Untersuchungen vorliegen, da bei den Schwerstkranken solche Maßnahmen nicht mehr indiziert waren.

Im Rahmen der enzephalitischen Reaktionen sind bei längerer Beobachtung atrophische Veränderungen progredient zu beobachten, sie sind auf diese Entzündungen zurückzuführen. Progrediente Atrophien ohne enzephalitische Herde haben wir nicht sehen können. Eine Zuordnung zu bestimmten Viren erscheint uns unmöglich. In 3 Fällen mit klinisch eindeutiger, progredienter subakuter Enzephalitis haben wir keine Veränderungen im Marklager sehen können. Bemerkenswert scheint uns noch die Form der kleinen, zystischen Herde als Ausheilungsstadium der Toxoplasmose. Diese kleinen Herde sind im Einzelbild natürlich vieldeutig, man könnte durchaus auch an abgelaufene, kleine Blutungen oder kleine Infarkte denken.

Man wird auf Grund dieser Beobachtungen auch bei Patienten ohne AIDS, die kleine zystische Läsionen ohne bekannte Ursache zeigen, in Zukunft auch eine spontan ausgeheilte Toxoplasmose als diagnostische Möglichkeit berücksichtigen müssen.

Aus unseren Befunden ergeben sich einige Forderungen für die Technik der computertomographischen Untersuchungen von Patienten, die an AIDS erkrankt sind. Es müssen einerseits sehr kleine Läsionen mit starker Dichteminderung und andererseits größere, enzephalitische Herde im Marklager von geringen Dichtedifferenzen und flauen Grenzen gesucht werden. Um dies zu erreichen, sollten folgende Regeln eingehalten werden:

1. Nach Möglichkeit ist mit Schichtdicke unter 5 mm zu arbeiten.
2. Es sollte zumindest für die Schichten durch das Marklager die höchstmögliche Dosis gewählt werden, da nur so eine maximale Dichteauflösung zu erzielen ist.
3. Da besonders mit Veränderungen im Temporallappen zu rechnen ist, sollten evtl. einige Schnitte parallel zum Temporalhorn geführt werden.
4. Eine Kontrastmittelgabe ist erforderlich.
5. Kontrollen in 4wöchigen Abständen können die Differentialdiagnose klären und zur Prognose beitragen.

Die gezielte, angewandte Computertomographie kann im Verlauf neurologischer Erkrankungen bei AIDS richtungsweisende Hinweise zur Therapie, zum Verlauf und zur Prognose geben. Sie ist eine wichtige Methode bei der Betreuung der Kranken.

Literatur

Bursztyn EM, Lee BCP, Bauman J (1984) CT of acquired immunedeficiency syndrome. AJNR 5: 711–714

Kelly WM, Brandt-Zawadzki M (1983) Acquired immunedeficiency syndrome: Neuroradiologic findings. Radiology 149:485–491

Levy RM, Rosenblom S, Perret LV (1986) Neuroradiologic findings in AIDS: A review of 200 cases. AJNR 7:833–893

Post MJD, Chan JC, Hensley GT, Hoffman TA, Moskowitz LB, Lippmann S (1983) Toxoplasma encephalitis in Haitian adults with acquired immunedeficiency syndrom: A clinical-pathological-CT correlation. AJNR 4:155–162

Post MJD, Hensley GT, Moskowitz LB, Fischl M (1986) Cytomegalic inclusion virus encephalitis in patients with AIDS: CT, clinical and pathological correlation. AJNR 7:275–280

Peripheres Nervensystem und AIDS

H. J. Möbius, W. Schlote und W. Enzensberger

Einleitung

Das vielgestaltige Vollbild der HIV-Infektion, das eigentliche „acquired immune deficiency syndrome" (AIDS), ist durch opportunistische Infektionen und bösartige Tumoren gekennzeichnet, die für den infausten Verlauf der Erkrankung verantwortlich sind. Dabei wird die klinische Symptomatik weniger von erreger- oder tumorspezifischen Eigenschaften bestimmt, als durch die Lokalisation und pathogenetischen Folgen der einzelnen Komplikationen, die durch die geschwächte Immunabwehr auftreten. Aufgrund seiner engen anatomischen und funktionellen Zusammenhänge gilt dies auch besonders für das Nervensystem, dessen Beteiligung erheblich zur Morbidität und Mortalität bei AIDS beiträgt. Neben sekundären begleitenden Erkrankungen des Nervensystems konnte in letzter Zeit auch ein primärer Befall des zentralen (Shaw et al. 1985) und peripheren (Ho et al. 1985) Nervensystems durch das „human immunodeficiency virus" (HIV) gezeigt werden. Die möglichen Wirkungen des HIV am Nervensystem in den verschiedenen Krankheitsstadien sind Gegenstand intensiver Forschung, bei denen auch die gleichzeitige Beteiligung anderer Erreger, z.B. des Zytomegalovirus, zu berücksichtigen ist.

In größeren klinischen Untersuchungsserien wird die Häufigkeit neurologischer Komplikationen mit etwa 30–40% der Fälle von HIV-Infektion angegeben (Berger et al. 1984; Snider et al. 1983; Levy et al. 1985). In einer Übersichtsarbeit aus dem Jahr 1985, die 366 neurologisch auffällige Patienten einbezieht, wurden in 14% Komplikationen im Bereich des peripheren Nervensystems angegeben (Levy et al. 1985). Bei diesen klinischen Zahlen wird die tatsächliche Beteiligung des Nervensystems wahrscheinlich unterschätzt, wie dies Obduktionsbefunde von AIDS-Patienten zeigen. Postmortale neuropathologische Untersuchungen stellten in größeren Übersichten in 73% (Moskowitz et al. 1984b), in 74% (Anders et al. 1986b) und in 80% (Lemann et al. 1985) der Fälle eine Beteiligung des Nervensystems fest. Diese Diskrepanz ist möglicherweise auf die vielgestaltigen, oft diskreten und uncharakteristischen zentralen und peripheren Ausfallserscheinungen zurückzuführen, deren Untersuchung zudem häufig erschwert ist. Die klinische Bedeutung solcher Symptome tritt in der Terminalphase der Erkrankung angesichts schwerster interner Komplikationen oft in den Hintergrund.

Zahlreiche Autoren betonen die praktische Bedeutung der Tatsache, daß in etwa 10–30% der Fälle neurologische Störungen die initiale Manifestation der HIV-Infektion sind (Britton et al. 1982; Bredesen u. Messing 1983; Snider et al. 1983; Berger et al. 1984; Lemann et al. 1985; Anders et al. 1986a), die der Entwicklung des AIDS bis zu 3 Jahre vorausgehen können (Levy et al. 1985; Jordan et al. 1985).

Bei der prozentualen Angabe neurologischer Komplikationen als Erstmanifestation der HIV-Infektion ist zu berücksichtigen, daß eine schwer näher zu definierende Auswahl der insgesamt mit dem HIV infizierten Personen zugrunde gelegt wird und andererseits zur ärztlichen Konsultation veranlassende neurologische Beschwerden oft kaum von einer Verschlechterung des Allgemeinzustandes des Patienten zu trennen sind. Die der Entwicklung des Syndroms vorausgehende Latenzphase kann Jahre betragen, so daß neurologische Komplikationen der HIV-Infektion in Zukunft eher noch häufiger zu beobachten sein werden. In der frühzeitigen Erkennung neurologischer Störungen als Komplikation einer HIV-Infektion kann sowohl eine the-

Tabelle 1. Literaturübersicht: Komplikationen am peripheren Nervensystem bei HIV-Infektion. [Anzahl klinischer ( ) und neuropathologischer < > Beobachtungen, Stand 11/86]

Horowitz et al. (1982) Abstr.	Polyradikulitis (1) <0>
Herman (1983) Abstr.	Polyradikulitis (1) <0>, kraniale Neuropathie (5) <0>, periphere Neuropathie (2) <0>
Bredesen et al. (1983) Abstr.	Kraniale Neuropathie N. VII, chron.-entz. Neuropathie, Zoster-Radikulitis
Lehrich et al. (1983)	Kraniale Neuropathie (5) <0>
Simpson et al. (1983) Abstr.	Periphere Neuropathie (8) <0>
Snider et al. (1983)	Periphere Neuropathie (8) <0>, kraniale Neuropathie N. VII (2) <0>
Cone et al. (1984)	Herpes-zoster-Radikulitis (4) <0>
Lipkin et al. (1984)	Mononeuritis multiplex (2) <2>, dist. sym. Neuropathie (2) <0>
Jack et al. (1984)	Kraniale Neuropathie N. III (1) <0>
Berger et al. (1984) Abstr.	Sensorische Neuropathie (3) <0>, sensomotorische NP (1) <0>, Polyradikulitis (1) <0>, postherpetische Neuralgie (2) <0>
Guarda et al. (1984)	Neuropathie (1) <0>
Moskowitz et al. (1984)	Chron.-entz. Polyneuropathie (1) <0>
Jordan et al. (1985)	Periphere Neuropathie (26) <0>
Lipkin et al. (1985)	Mononeuritis multiplex (9) <5>, dist. sym. Neuropathie (3) <2>
Levy et al. (1985)	Mult. kran. NP bei chron.-entz. PNP (5) <0>, chron.-entz. PNP (12) <0>, kraniale NP N. VII (3) <0>, dist. sym. NP (5) <0>, Myalgie (2) <0>, Herpes-zoster-Radikulitis (6) <0>
Ho et al. (1985)	Distale sym. sensomotorische Neuropathie (3) <3>
Bisphoric et al. (1985)	Polyradikulitis (1) <1>, Mononeuritis (1) <1>
Gabuzda et al. (1986)	Periphere Neuropathie (2) <2>
Ryder et al. (1986)	Herpes-zoster-Radikulitis (1) <1>
Piette et al. (1986) Letter	Akute kraniale Neuropathie N. VII (1) <0>, sym. sensomotor. Polyneuropathie (1) <0>
Eidelberg et al. (1986)	Polyradikulitis (3) <1>
Singh et al. (1986)	Polyradikulitis (1) <1>
Anders et al. (1986)	Polyradikulitis (1) <1>, Herpes-zoster-Radikulitis (1) <1> – neurogene Muskelatrophie (4) <4>, unspez. Myopathie (2) <2>, bakt. Myositis (1) <1>
Kesselring et al. (1986)	– Polymyositis (1) <1>

rapeutische als auch eine präventive Chance liegen, wenn diese Probleme durch die nähere Beschreibung und Erforschung besser bekannt sein werden.

Auf eine mögliche Beteiligung des peripheren Nervensystems bei HIV-Infizierten wurde erstmals 1982 hingewiesen (Britton et al. 1982; Horowitz et al. 1982). Bis dato (11/86) sind 24, sich teilweise überlappende Publikationen über insgesamt 171 Patienten mit peripher-neurologischer Symptomatik erschienen; davon wurden in 11 Arbeiten und mehreren Reviews neuropathologische Befunde am peripheren Nervensystem dargestellt (Tabelle 1).

Klinisch-neurologische Beobachtungen

Als Zeichen von möglichen Störungen des peripheren Nervensystems wurden beschrieben: umschriebene motorische Schwächen und Ausfälle, die bilateral, weniger häufig auch unilateral auftreten und mit schmerzhaften Parästhesien einhergehen können; ferner meist distal angeordnete Sensibilitätsstörungen, in schweren Fällen mit sensibler Ataxie, evtl. auch Blasenentleerungsstörungen einhergehend. Solche Störungen beziehen teilweise sicher zentralnervöse spinale Läsionen mit ein; eine strenge Trennung in eine Beteiligung nur des zentralen oder nur des peripheren Nervensystems erscheint nicht immer möglich, zumal es sich evtl. um Krankheitsentwicklungen mit gleicher ätiopathogenetischer Grundlage, z. B. generalisierte Virusinfektionen, handelt (vgl. Petito et al. 1985).

In der Prodromalphase der HIV-Infektion wurden mehrfach auch spontan remittierende Verläufe beschrieben, i. allg. handelt es sich aber um subakute oder chronische Verläufe.

Im *Frankfurter Untersuchungsgut* wurden bei 140 Patienten mit HIV-Infektion in 16 Fällen folgende pathologische Befunde am peripheren Nervensystem erhoben: In 9 Fällen polyneuritische oder polyneuropathische Befunde, in 4 Fällen Akzessoriusparesen und in jeweils einem Fall ein Karpaltunnelsyndrom beidseits, eine Herpes-zoster-Radikulitis L_3 mit Quadricepsparese und ein oberes Quadrantensyndrom (10/82–10/86).

Das klinische Spektrum der Komplikationen bei HIV-Infektion im Bereich der Hirnnerven und peripheren somatischen Nerven schließt in der Literaturübersicht folgende Formen ein (Tabelle 2): Hirnnervensyndrome kommen in Form multipler kranialer Neuropathien vor

- bei atypischer aseptischer Meningitis mit häufiger Beteiligung des 5., 7. und 8. Hirnnerven (Bredesen et al. 1983; Snider et al. 1983; Lipkin et al. 1985; Levy et al. 1985). Als charakteristische Komplikation bei atypischer aseptischer Meningitis gilt der Befund einer isolierten unilateralen peripheren Fazialisparese (Levy et al. 1985). Auf das Vorkommen der atypischen aseptischen Meningitis bei Virusträgern ohne nachweisbaren Immundefekt ist hinzuweisen (Snider et al. 1983; Levy et al. 1985; Ho et al. 1985);
- bei chronisch-entzündlichen Polyneuritiden mit häufiger Beteiligung des 4., 5. und 7. Hirnnerven (Lipkin et al. 1985);
- bei multilokaler Ausbreitung von Lymphomen (Lehrich et al. 1983; Pitlik et al. 1983).

Ferner kommt der isolierte Befall einzelner Hirnnerven vor, am häufigsten werden Fazialisparesen beschrieben (Snider et al. 1983; Levy et al. 1985; Lipkin et al. 1985). Eine einseitige Okulomotoriusparese wurde als Initialsymptom einer HIV-Infektion beobachtet (Jack et al. 1984).

Unter den Syndromen peripherer somatischer Nerven wurde die distale symmetrische sensomotorische Neuropathie als typisch bei AIDS-Patienten herausgestellt (Bredesen u. Messing 1983; Herman 1983; Simpson et al. 1983; Lipkin et al. 1985). Sie geht mit schmerzhaften Parästhesien, distaler symmetrischer Hyposensibilität in strumpf- und handschuhförmiger Verteilung und weniger häufig mit distal betonten Paresen und Atrophien einher.

Chronisch-entzündliche Polyneuritiden manifestieren sich als Mononeuritis multiplex oder als distale symmetrische oder asymmetrische Polyneuritis mit oder ohne Hirnnervenbeteiligung (Berger et al. 1984; Lipkin et al. 1985; Ho et al. 1985; Piette et al. 1986). Progressive Polyradikulitiden, auch im Sinne Guillain-Barré-ähnlicher Syndrome, wurden mehrfach beschrieben und gingen in schweren Fällen mit Inkontinenz sowie sensibler Ataxie einher (Horowitz et al. 1982; Herman 1983; Bisphoric et al. 1985; Singh et al. 1986; Eidelberg et al. 1986). Herpes-zoster-Radikulitiden wurden in zervikalen, thorakalen und lumbalen Segmenten beobachtet, verliefen teilweise kutan, teilweise aber auch mit motorischen Ausfällen (Bredesen u. Messing 1983; Levy et al. 1985; Anders et al. 1986a) und traten bei Virusträgern ohne nach-

Tabelle 2. Klinisches Spektrum der Komplikationen am peripheren Nervensystem bei 171 Patienten mit HIV-Infektion in der Literatur 1982–1986

Hirnnerven

Multiple kraniale Neuropathien bei
- atypischer aseptischer Meningitis
- chronisch-entzündlichen Polyneuritiden
- Lymphomen

Isolierte kraniale Neuropathien
- N.-facialis-Paresen
- N.-oculomotorius-Paresen
- N.-accessorius-Paresen

Periphere somatische Nerven

Distale symmetrische sensomotorische Neuropathie
- mit schmerzhaften Parästhesien
- mit Hypästhesien
- mit Paresen und Muskelatrophien

Chronisch-entzündliche Polyneuritiden
- Mononeuritis multiplex
- distale asymmetrische Polyneuritis
- distale symmetrische Polyneuritis
- progressive Polyradikulitis (Guillain-Barré-ähnliche Syndrome)

Herpes-zoster-Radikulitis

weisbaren Immundefekt auf (Cone u. Schiffmann 1984; Levy et al. 1985; Ryder et al. 1986).

Die Muskulatur kann bei HIV-infizierten Patienten in Form von isolierten Myalgien einbezogen sein (Levy et al. 1985). Auch spontan remittierende Polymyositiden mit Myalgie und Paresen sind bei Patienten mit AIDS beschrieben worden (Britton et al. 1982; Snider et al. 1983; Britton u. Miller 1984; Berger et al. 1984).

Neuropathologische Beobachtungen

Die überwiegend postmortal erhobenen neuropathologischen Befunde am peripheren Nervensystem bei AIDS-Erkrankten umfassen schwere morphologische Veränderungen, die mit Ausnahme einzelner spezifischer Veränderungen oder direktem Erregernachweis i. allg. keine ätiologischen Schlüsse zulassen.

Histopathologisch wurden axonale Neuropathien (Lipkin u. Parry 1984; Lipkin et al. 1985) allein oder zusammen mit diffus oder segmental demyelinisierenden Neuropathien mit oder ohne entzündliche perivaskuläre Infiltrate beschrieben (Moskowitz et al. 1984a; Lipkin et al. 1985; Bisphoric et al. 1985; Gabuzda et al. 1986). Ferner wurden eine hypertrophische Neuropathie ohne entzündliche Infiltrate (Möbius 1986, vgl. Patient 2), vaskulitische Veränderungen endo- und epineuraler Gefäße mit Thrombosen (Guarda et al. 1984; Eidelberg et al. 1986), lympho- und plasmazelluläre Infiltrate (Moskowitz et al. 1984a; Lipkin et al. 1985; Eidelberg et al. 1986; Singh et al. 1986) und fokale Nekrosen mit Makrophagen-Einwanderung (Eidelberg et al. 1986) beobachtet. Mit diesen Prozessen gingen sekundäre Veränderungen wie endo- und epineurale Ödeme und endoneurale und perivaskuläre Fibrose einher (Lipkin et al. 1985) (Tabelle 3).

Kasuistik

Neuropathologische Beobachtungen, die wir in zwei eigenen Fällen mit Affektion des peripheren Nervensystems machten, seien hier exemplarisch mitgeteilt.

Tabelle 3. Spektrum neuropathologischer Befunde am peripheren Nerven bei HIV-Infizierten

- Axonale Neuropathie
- Kontinuierlich oder segmental demyelinisierende Neuropathie
- Hypertrophische Neuropathie
- Vaskulitiden endo- und epineuraler Gefäße mit Thrombosen
- Lympho- und plasmazelluläre Infiltrate
- Fokale Nekrosen mit Makrophagen-Einwanderung
- Remyelinisierungsvorgänge
- Endo- und subepineurales Ödem
- Endoneurale und perivaskuläre Fibrose

- Neurogene Muskelatrophie
- Unspezifische myopathische Veränderungen
- Polymyositis

Patient 1
Homosexueller Afrikaner, bei Krankheitsbeginn 40 Jahre alt. Initiale Manifestation der HIV-Infektion 7/84 durch symmetrische sensomotorische Polyneuropathie mit Betonung der Beine (allerdings auch Z.n.INH-Therapie und Alkoholabusus). Entwicklung eines Kaposi-Sarkoms der rechten Leiste, Exstirpation 10/84 mit lokaler Bestrahlung; anschließend Femoralisparese rechts, gering-gradig aber auch linksseitig. Aufsteigend-progressive Polyneuropathie mit Inkontinenz ab 11/85. Hemiquerschnitt Th_{10} rechts 1/86, Horner-Syndrom links. Nekrotisierende Retinitis bei generalisiertem Zytomegalovirus-Befall 6/86. Terminal ab 7/86, Entwicklung einer Enzephalitis. Exitus 8/86.
Pathologisch-anatomische Diagnose: Generalisierte Zytomegalie-Infektion und disseminiertes Kaposi-Sarkom der Haut und Lungen bei erworbenem Immundefektsyndrom (AIDS).
Peripheres Nervensystem: Disseminierte, segmentale Entmarkung bis Faserausfall (Abb. 2) neben restierenden, unauffällig bemarkten Faszikeln im Bereich spinaler Vorder- und Hinterwurzeln (Abb. 1). Mit Ausnahme eines kleinen, perivaskulären, lympho-plasmazellulären Infiltrats im Bereich einer lumbalen Vorderwurzel kein Anhalt für floride entzündliche oder vaskulitische Veränderungen. Kein Nachweis von Myelophagen. Massives subperineurales und endoneurales Ödem. Defektdeckung durch endoneurale Fibrose.
Diagnose: Zustand nach abgelaufener Polyneuroradikulitis.
Im Zentralnervensystem fanden sich eine CMV-Enzephalitis und Anzeichen einer HIV-Enzephalitis sowie in den Hintersträngen umschriebene, spongiöse Zerfallsherde.

Patient 2
Homosexueller Spanier, bei Krankheitsbeginn 55 Jahre alt, ohne Anhalt für familiäre Erkrankungen, metabolische Störungen oder Intoxikationen. Initiale Manifestation der HIV-Infektion durch Pneumocystis-carinii-Pneumonie 7/86. Parallel dazu Entwicklung einer subakuten Enzephalitis mit schweren psychoorganischen Veränderungen und Zytomegalovirus-Retinitis bei generalisiertem CMV-Befall. Polyneuritis der Beine mit schmerzhaften Parästhesien und Hypästhesien in strumpfförmiger Verteilung, fehlenden ASR und sensibler Ataxie. Rascher Exitus aus pulmonaler Ursache.
Pathologisch-anatomische Diagnose: Ausgeprägte Pneumocystis-carinii- und Aspergillus-fumigatus-Pneumonie bei erworbenem Immundefektsyndrom (AIDS).
Peripheres Nervensystem: Multilokal nachweisbare hypertrophische („Zwiebelschalen-") Neuropathie mit deutlicher Entmarkung und Faserausfall. Persistierende marklose Axone. Disseminierte Myelophagen. Remyelinisierungsvorgänge. Massive endoneurale Fibrose. Keine entzündlichen oder vaskulitischen Veränderungen. In zahlreichen markhaltigen und marklosen Axonen virusverdächtige Partikel (Abb. 3–6).
Diagnose: Hypertrophische Neuropathie.
Im Zentralnervensystem fanden sich Anzeichen einer subakuten HIV-Enzephalitis sowie eine primäre Reizung einzelner motorischer Vorderhornzellen.

In der Skelettmuskulatur sind histopathologisch Zeichen der Denervierungsatrophie (Anders et al. 1986b), ferner unspezifische myopathische Veränderungen (Berger et al. 1984) sowie Polymyositiden (Snider et al. 1983; Kesselring et al. 1986) beschrieben worden. In Fällen systemischer Infektion trat ein Befall der Skelettmuskulatur mit Mycobacterium avium intracellulare (Britton et al. 1982) und ein weiterer mit Cryptococcus neoformans (Anders et al. 1986b) auf.

Eine morphologische Differenzierung in primär axonale Polyneuropathien und solche mit primärem Markscheidenzerfall in Korrelation zum klinischen Befund liegt in der Literatur nicht vor. Beispielsweise wurden in einer klinisch-neuropathologischen Untersuchung von 6 Patienten mit peripherer Neuropathie bei Lymphadenopathie-Syndrom in 4 Fällen von Mononeuritis multiplex 3mal eine axonale und demyelinisierende Neuropathie mit perivaskulären entzündlichen Infiltraten und ein Normalbefund diagnostiziert. In 2 Fällen distaler symmetrischer Polyneuropathie

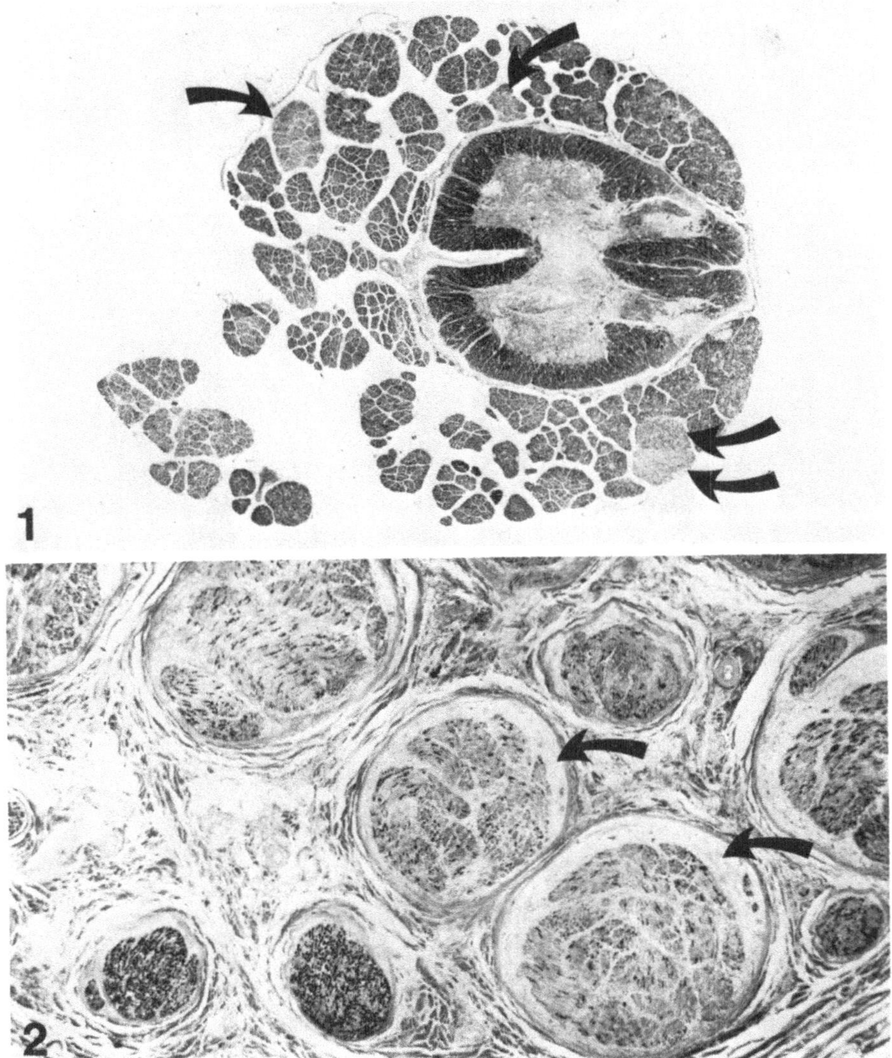

Abb. 1. Querschnitt durch das Lumbalmark. Heidenhain-Woelcke-Färbung, × 6. Partieller Faserausfall in einigen Spinalwurzeln *(Pfeile)*

Abb. 2. Querschnitt durch den N. ischiadicus. Heidenhain-Woelcke-Färbung, × 136. Partieller Ausfall der markhaltigen Nervenfasern in den großen Faszikeln. Erweiterte subperineurale Räume *(Pfeile)*

wurde jeweils eine axonale Neuropathie mit und ohne entzündliche Infiltrate beobachtet (Lipkin et al. 1985).

Der Versuch einer Korrelation von klinischen und histopathologischen Befunden wird einerseits dadurch erschwert, daß im klinischen Verlauf Übergänge von einer Mononeuritis multiplex zur distalen symmetrischen Polyneuritis möglich sind und andererseits diskontinuierliche und multifokale pathologische Veränderungen im

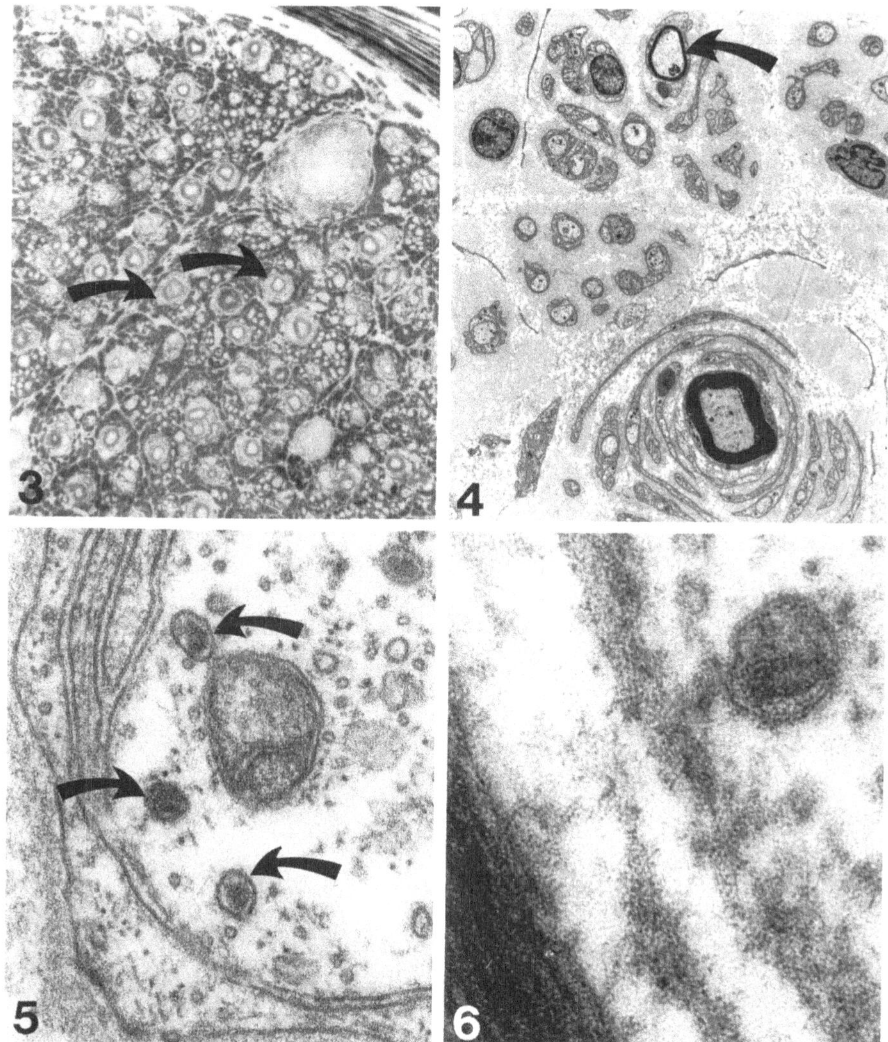

Abb. 3. Querschnitt durch den N. femoralis. Semidünnschnitt, Toluidinblau-Färbung, × 347. Partieller Ausfall markhaltiger Nervenfasern. Restierende Markfasern verdickt *(Pfeile)*

Abb. 4. Querschnitt durch den N. femoralis. Ultradünnschnitt. × 1820. Restierende Markfaser, zwiebelschalenförmig von Schwann-Zellfortsätzen umgeben. Daneben teilweise remyelinisierte Nervenfaser *(Pfeil)*. Endoneurale Fibrose

Abb. 5. Querschnitt durch den N. femoralis. Ultradünnschnitt, × 74660. Vormals bemarktes Axon mit mehreren (vermutlich Retro-)Virus-Körpern *(Pfeile)* von 90–110 nm Durchmesser

Abb. 6. Querschnitt durch den N. femoralis. Ultradünnschnitt, × 240000. Teil einer bemarkten Nervenfaser. Im Axoplasma ein Viruskörper mit länglichem Nukleokapsid, strukturell dem HIV entsprechend (Durchmesser 90 nm)

peripheren Nerven in der histologischen Stichprobe, insbesonders bei Biopsien, unter Umständen nicht erfaßt werden.

Ätiopathogenetische Überlegungen

Die Ätiologie und die Pathogenese der peripheren Neuropathie bei HIV-Infizierten ist unbekannt. Komplikationen durch Entwicklung lokal wirksamer Tumoren und systemischer Infektionen bei Patienten mit AIDS-Vollbild bleiben dabei unberücksichtigt.

Im wesentlichen kommen für die Verursachung neurologischer und neuropathologischer Manifestionen bei HIV-Infektion entweder die Immunosuppression mit Entwicklung opportunistischer Infektionen und/oder das direkte Eindringen des HIV in das zentrale und periphere Nervensystem in Betracht. Die Neurotropie des Virus konnte in jüngster Zeit mittels verschiedener Methoden für alle Abschnitte des Nervensystems bewiesen werden (Shaw et al. 1985; Ho et al. 1985). Ho et al. (1985) zeigten in Kulturen peripheren Nervengewebes von 2 Patienten mit AIDS-Related-Complex (ARC) und 1 Patienten mit AIDS mittels indirekter HIV-spezifischer Immunfluoreszenz und Nachweis der Reverse-Transkriptase-Aktivität die Anwesenheit des HIV. Gabuzda et al. (1986) gelang allerdings in keinem von 13 Fällen mit ARC und AIDS der Nachweis von HIV-Antigen im peripheren Nerven mit immunhistochemischen Methoden unter Verwendung eines Ziegen-Anti-HIV-Serums; in einem dieser Fälle war aber eine entzündliche demyelinisierende Neuropathie und HIV in der Kultur nachweisbar. Piette et al. (1986) beobachteten bei 2 Patienten akute Neuropathien während der HIV-Serokonversion ohne Anhalt für andere, konkurrierende Infektionen. Ein direkter elektronenmikroskopischer Nachweis von HIV-Viruspartikeln im peripheren Nerven mit Bestätigung durch spezifische Methoden gelang bisher nicht. Eine direkte HIV-bedingte Schädigung des peripheren Nerven muß aber sicher in Betracht gezogen werden.

Das Auftreten epi- und endoneuraler perivaskulärer entzündlicher Infiltrate ohne Zeichen der Vaskulitis, verbunden mit axonaler Degeneration und Demyelinisierung ist bei entzündlichen Neuropathien und experimenteller allergischer Neuritis bekannt. Bei diesen Störungen werden ätiologisch immunreaktive Prozesse vermutet (Aranson 1975). Tatsächlich ließen sich im Serum und entlang der Markscheiden peripherer Nerven bei HIV-infizierten Patienten mit demyelinisierenden Prozessen Antikörper gegen Myelin nachweisen (Kiprov et al. 1985). Obwohl auch das klinisch beobachtete Ansprechen auf Plasmapherese-Lymphozytopherese bei einem Teil der chronisch-entzündlichen AIDS-Polyneuropathien (Levy et al. 1985) mit einer immunreaktiven Störung vereinbar wäre, könnten die genannten Merkmale auch Ausdruck einer okkulten viralen Infektion des peripheren Nerven mit HIV oder anderen viralen Erregern sein.

Opportunistische virale Infektionen des peripheren Nervensystems bei HIV-Infizierten wurden durch Zytomegalovirus (CMV), Herpes-zoster-Virus und Herpes-simplex-Virus nachgewiesen. In autoptischen Untersuchungen ließen sich bei etwa 50% aller AIDS-Patienten CMV-Infektionen des Nervensystems nachweisen. In mehreren Studien wurde das CMV als verantwortliches Agens bei vaskulitischen

Veränderungen, fokalen Nekrosen, entzündlichen perivaskulären Infiltraten und Demyelinisierung im Bereich dorsaler und ventraler Spinalnervenwurzeln (Moskowitz et al. 1984a; Guarda et al. 1984; Bisphoric et al. 1985; Eidelberg et al. 1986) und peripherer Nerven (Bisphoric et al. 1985; Singh et al. 1986) vorgeschlagen.

Typische Kerneinschlüsse konnten in den besonders betroffenen lumbalen und sakralen ventralen Spinalwurzeln und peripheren Nerven nachgewiesen werden. In einem Fall wurden elektronenmikroskopisch Viruspartikel der Herpesgruppe, die die Autoren als CMV interpretierten, im Kern und Zytoplasma von Schwann-Zellen beschrieben (Bisphoric et al. 1985). Durch In-situ-Hybridisierung konnte in morphologisch unauffälligen, CMV-Antigen-negativen Zellen CMV-DNS-Fragmente nachgewiesen und damit die Möglichkeit latenter Infektionen gezeigt werden (Wiley et al. 1986). Das klinische Korrelat von CMV-Infektionen sind im Bereich des peripheren Nervensystems häufig polyneuritische und polyradikulitische (Guillain-Barré-ähnliche) Syndrome. Herpes-simplex-Viren wurden im peripheren Nerven in Kulturen (Dix et al. 1985) und zusammen mit CMV-Infektionen (Tucker et al. 1984) bei HIV-Infizierten nachgewiesen. Die Beteiligung des Epstein-Barr-Virus bei kranialen Neuropathien im Rahmen der atypischen aseptischen Meningitis wird bei HIV-Infektion diskutiert (Britton u. Miller 1984).

Virus-serologische Befunde haben aufgrund der AIDS-typischen Überproduktion von IgG-Antikörpern gegen zahlreiche Antigene bei gleichzeitigem Ausfall der IgM-Produktion weder bestätigende noch ausschließende Bedeutung für die ätiologische Einordnung bei der Entwicklung von Neuropathien.

Weder Art noch Verlauf von Neuropathien lassen bisher Kriterien erkennen, die eine prognostische Aussage für den weiteren Verlauf der HIV-Infektion erlauben.

Wir danken Herrn Prof. Dr. E. Thomas, Neurologisches Institut (Edinger-Institut) der Universität Frankfurt/M. für die Überlassung von Präparaten des Falles 1.

Literatur

Anders K, Guerra WF, Tomiyasa U, Verity MA, Vinters HV (1986a) The neuropathology of AIDS. UCLA experience and review. Am J Pathol 124:537–558

Anders K, Steinsapir KP, Iverson DJ, et al (1986b) Neuropathologic findings in the acquired immunodeficiency syndrome (AIDS). Clin Neuropathol 5:1–20

Aranson B (1975) Inflammatory polyradikuloneuropathies. In: Dyck PJ, Thomas P, Lambert E (eds) Peripheral neuropathy. Saunders, Philadelphia, pp 1110–1148

Berger JR, Moskowitz L, Fischl M, Kelley RE (1984) The neurologic complications of AIDS: Frequently the initial manifestation. Neurology [Suppl 1] 34:134

Bisphoric G, Bruner J, Butler J (1985) Guillain-Barré-Syndrome with cytomegalovirus infection of peripheral nerve. Arch Pathol Lab Med 109:1106–1108

Bredesen DE, Lipkin WI, Messing R (1983) Prolonged recurrent aseptic meningitis with prominent cranial nerve abnormalities: A new epidemic in gay men? Neurology [Suppl 2] 33:85

Bredesen DE, Messing R (1983) Neurological syndromes heralding the acquired immune deficiency syndrome. Ann Neurol 14:141

Britton CB, Marquardt MD, Koppel B, Garvey G, Miller JR (1982) Neurological complications of the Gay immunosuppressed syndrome: Clinical and pathological features. Ann Neurol 12:80

Britton CB, Miller JR (1984) Neurologic complications in acquired immunodeficiency syndrome (AIDS). Neurol Clin 2:315–339

Cone LA, Schiffmann MA (1984) Herpes zoster and the acquired immunodeficiency syndrome. Ann Int Med 100:462

Dix RD et al (1985) Herpes viruses neurological diseases associated with AIDS: Recovery of viruses from central nervous system tissues, peripheral nerve and cerebrospinal fluid. Vortrag Intern Conf AIDS, Atlanta, USA. Zit nach: Pohle HD, Eichenlaub D (1985) Infektionen des Zentralnervensystems bei AIDS. MMW 127:756–759

Eidelberg D, Sotrel A, Vogel H, Walker P, Kleefield J, Crumpacker CS (1986) Progressive polyradikulopathy in acquired immune deficiency syndrome. Neurology 36:912–916

Gabuzda DH, Ho DD, Moute S, Hirsch MS, Rota TR, Sobel RA (1986) Immun histochemical identification of HTLV III antigen in brains of patients with AIDS. Ann Neurol 20:289–295

Guarda LA, Lune MA, Smith JL, Mansell PWA, Gyorkey F, Roca AN (1984) Acquired immune deficiency syndrome: Postmortem findings. Am J Clin Pathol 81:549–557

Herman P (1983) Neurologic complications of acquired immunologic deficiency syndrome. Neurology [Suppl 2] 33:105

Ho DD, Rota TR, Schooley RT (1985) Isolation of HTLV III from cerebrospinal fluid and neural tissues of patients with neurologic syndromes related to the acquired immunodeficiency syndrome. N Engl J Med 313:1493–1497

Horowitz SL, Benson DF, Gottlieb MS, Davos I, Bentson JR (1982) Neurological complications of Gay-related immunodeficiency disorder. Ann Neurol 12:80

Jack MK, Smith T, Collier AC (1984) Okulomotor cranial nerve palsey associated with acquired immunodeficiency syndrome. Ann Ophtalmol 16:460–462

Jordan BD, Bradford AN, Petito C, Cho E-S, Price RW (1985) Neurological syndromes complicating AIDS. Front Radiat Ther Onc 19:82–87

Kesselring J, Schmid M, Pirovino M, Mumenthaler M (1986) Atypische neurologische Krankheitsbilder im Rahmen des erworbenen Immundefektsyndroms (AIDS). Dtsch Med Wochenschr 111:1058–1060

Kiprov DD et al (1985) Therapeutic plasmapheresis in homosexual men with inflammatory polyneuropathy. Vortrag Int Conf AIDS, Atlanta, USA. Zit nach: Pohle HD, Eichenlaub D (1985) Infektionen des Zentralnervensystems bei AIDS. MMW 127:756–759

Lehrich JR, Hedley-Whyte ET, Harris NL (1983) Acquired immunodeficiency syndrome and cranial nerve abnormalities. N Engl J Med 309:359–369

Lemann W, Cho E-S, Nichen S, Petito C (1985) Neuropathologic (NP) findings in 104 cases of acquired immunodeficiency syndrome (AIDS): An autopsy study. J Neuropathol Exp Neurol 44:349

Levy RM, Bredesen DE, Rosenblum ML (1985) Neurological manifestations of the acquired immunodeficiency syndrome (AIDS): Experience at USCF and review of the literature. J Neurosurg 62:475–495

Lipkin WI, Parry GJ (1984) Subakute polyneuropathy in homosexual males. Neurology [Suppl 1] 34:135

Lipkin WI, Parry G, Kiprov D, Abrams D (1985) Inflammatory neuropathy in homosexual men with lymphadenopathy. Neurology 35:1479–1483

Möbius HJ (1986) Unveröffentl Beobachtungen

Moskowitz LB, Gregorios JB, Hensley GT, Berger JR (1984a) Cytomegalovirus induced demyelination associated with acquired immune deficiency syndrome. Arch Pathol Lab Med 108:873–877

Moskowitz LB, Hensley GT, Chan JC, Gregorios J, Conley FK (1984b) The neuropathology of acquired immune deficiency syndrome. Arch Pathol Lab Med 108:867–872

Petito CK, Bradford AN, Cho E-S, Jordan BD, George DC, Price RW (1985) Vacuolar myelopathy pathologically resembling subacute combined degeneration in patients with the acquired immunodeficiency syndrome. N Engl J Med 312:874–879

Piette AM, Tusseau F, Vignon D (1986) Acute neuropathy coincident with seroconversion for anti-LAV/HTLV III. Lancet I:852

Pitlik SD, Fainstein V, Bolivar R, Guarda L, Rios A, Mansell PA, Gyerkey F (1983) Spectrum of central nervous system complications in homosexual men with acquired immune deficiency syndrome. J Infect Dis 148:771–772

Ryder JW, Croen K, Kleinschmidt-DeMasters BK, Ostrove JM, Stram SE, Cohn DL (1986) Progressive encephalitis three months after resolution of cutaneous zoster in a patient with AIDS. Ann Neurol 19:182–188

Shaw GM, Harper ME, Hahn BH, et al (1985) HTLV III infection in brains of children and adults with AIDS encephalopathy. Science 227: 177–182

Simpson DM, Snider WD, Nielsen S, Gold JWM, Metroka CE, Posner JB (1983) Neurological complication of acquired immune deficiency syndrome: Analysis of 50 patients. Ann Neurol 14: 110

Singh BM, Levine S, Yarrish RL, Hyland MJ, Jeanty D, Wormser GP (1986) Spinal cord syndromes in the acquired immune deficiency syndrome. Acta Neurol Scand 73: 590–598

Snider WD, Simpson DM, Nielsen S, Gold JWM, Metroka CE, Posner JB (1983) Neurological complications of acquired immune deficiency syndrome: Analysis of 50 patients. Ann Neurol 14: 403–418

Tucker T, Dix RD, Davies L, Katzen C, Schmidley JW (1984) Myelitis with cytomegalovirus and multiple herpesviruses in the acquired immune deficiency syndrome (AIDS). Neurology [Suppl 1] 34: 135

Wiley CA, Schrier RD, Denaro FJ, Nelson JA, Lampert PW, Oldstone MBA (1986) Localisation of cytomegalovirus proteins and genome during fulminant central nervous system infection in an AIDS patient. J Neuropathol Exp Neurol 45: 127–139

Neuropathologische Beobachtungen in 28 Fällen von erworbenem Immundefektsyndrom (AIDS)

W. Schlote, H. Gräfin Vitzthum, E. Thomas, K. Hübner, H. J. Stutte, U. Woelki und J. Kauss

Bei über 40% der Patienten, die an einer Infektion durch das „human immunodeficiency virus" (HIV) erkranken, ist das Nervensystem betroffen (Anders et al. 1986). Bei 10–30% der Patienten beginnt die Erkrankung mit neurologischen Symptomen, ein Immundefektsyndrom (AIDS) tritt in solchen Fällen erst später oder überhaupt nicht auf (Levy et al. 1985a). In manchen Fällen steht anfangs eine organische Demenz im Vordergrund.

In einem Kollektiv von 89 Fällen fanden Anders et al. (1986) die Zahl der Fälle mit neuropathologisch nachweisbaren Veränderungen am Gehirn höher als die Zahl der Patienten mit klinisch-neurologischer Symptomatik. Es ist daher anzunehmen, daß das Gehirn weit häufiger an HIV-Infektionen beteiligt ist, als dies bisher angenommen wurde. Die HIV-Infektion kann am Gehirn auch zu wesentlich stärkerer Virusvermehrung führen als in anderen Organen. Mit dem Southern-Immunoblot haben Shaw et al. (1984, 1985) in einzelnen Fällen im Gehirn mehr virale DNS-Sequenzen nachgewiesen als in Milz, Lymphknoten, Leber und Lunge. Dabei fanden sich mehrere genetische Varianten des Virus. Offensichtlich bietet das Gehirn des Menschen neben dem lymphoiden System günstige Voraussetzungen für die Virusvermehrung. Dies könnte damit zusammenhängen, daß T-Lymphozyten und Hirngewebszellen gemeinsame Oberflächenantigene besitzen (Szuchet et al. 1982), die möglicherweise als Rezeptoren fungieren.

Der Virusnachweis gelang im Gehirn außer mit dem Southern-Immunoblot auch durch In-situ-Hybridisierung am Gewebeschnitt (Shaw et al. 1985; Sharer et al. 1985), durch Virusisolierung aus Gehirn und Liquor (Levy et al. 1985b; Ho et al. 1985), durch Serokonversion nach Übertragung von Hirnsuspension Erkrankter auf Schimpansen (Gajdusek et al. 1985) und elektronenmikroskopisch (Epstein et al. 1985; Sharer et al. 1986; Koenig et al. 1986).

Während die HIV-Infektion des Gehirns nach den Beobachtungen von Snider et al. (1983), Nielsen et al. (1984), Anders et al. (1985, 1986) und unseren eigenen Daten disseminierte, meist nur histologisch erfaßbare Veränderungen hervorruft (sog. subakute Enzephalitis), führen die Infektionen durch opportunistische Erreger meist zu umschriebenen, bereits makroskopisch erkennbaren Herdbildungen, darüber hinaus aber ebenfalls zu disseminierten Läsionen, die mit den HIV-bedingten Veränderungen interferieren. Mit Ausnahme der Toxoplasmose-Enzephalitis (Enzensberger et al. 1985) sind die opportunistischen Infekte nicht behandelbar, sie sind häufig Todesursache. Ob die HIV-Infektion des Zentralnervensystems allein zum Tode führen kann, ist noch umstritten.

In dem Überblick über die von uns untersuchten 28 Fälle wird auf diese Frage und auf den möglichen Zusammenhang zwischen subakuter Enzephalitis und Demenz (sog. AIDS-related-dementia-Komplex) eingegangen.

Methodik

Die Autopsie erfolgte in der überwiegenden Zahl der Fälle im Senckenbergischen Zentrum der Pathologie, in einem Fall im Pathologischen Institut des Markuskrankenhauses Frankfurt. Nach Formalinfixierung wurden aus Gehirn, Rückenmark und peripheren Nerven ausgewählte Teile zur histologischen Untersuchung in Paraffin eingebettet und geschnitten. In 18 Fällen wurden Doppelhemisphärenschnitte in Höhe der Corpora mamillaria hergestellt. In 10 Fällen erhielten wir das Gehirn im unfixierten Zustand. Eine Doppelhemisphärenscheibe haben wir in diesen Fällen nativ bei −80°C tiefgefroren, die nach rostral oder kaudal angrenzende Scheibe nach Formalinfixierung des Restgehirns in Paraffin eingebettet. Färbungen: Hämatoxylin-Eosin, Elastica-van Gieson, Kresylviolett, Kongorot, Thioflavin S, Alcianblau, Goldner, Eisen, Giemsa, Grocott, Tibor-PAP, Markscheidenfärbung nach Heidenhain-Woelcke, Klüver-Barrera, Bodian, PAS. In Fall 3 wurde aus dem Toxoplasmoseherd des Kleinhirns Gewebe zur elektronenmikroskopischen Untersuchung entnommen, in Osmiumtetroxid nachfixiert und in Araldit eingebettet.

Kasuistik

Fall 1 (6198/85), 35jährig, m.
Klinik: Krankheitsdauer 5 Monate. Entwicklung eines organischen Psychosyndroms.
Autopsie: AIDS, Immunozytom der Trachea, Hodenatrophie, Zytomegalievirus (CMV)-Infektion, Toxoplasmose der Lunge.
Hirnbefund: Makroskopisch geringe Trübung der Meningen, blasses Gehirn.
Histologie: Meningealfibrose, Gliaknötchen in Großhirnmark, Stammganglien, Hirnstamm, in einem der Knötchen eine größere Zelle mit CMV-Kerneinschluß.
Diagnose: Subakute HIV-Enzephalitis, Verdacht auf CMV-Infektion des Gehirns.

Fall 2 (6203/85), 28jährig, m.
Klinik: Verdacht auf Virusenzephalitis, schwere Pneumocystis-carinii-Pneumonie, chronische Hepatitis.
Autopsie: AIDS, toxische Hepatose, Pneumonie.
Hirnbefund: Makroskopisch Leptomeninx im Bereich der basalen Zisternen verdickt, blasse Hirnsubstanz, Gefäßstauung in Stammganglien und Marklager, weiche Konsistenz der rechten Kleinhirnhemisphäre.
Histologie: Meningealfibrose, fleckförmige diffuse lymphozytäre Meningitis, Status spongiosus der Großhirnrinde (Autolyse?), ischämische Nervenzellveränderungen im Kleinhirn.
Diagnose: Verdacht auf HIV-Meningitis.

Fall 3 (6204/85), 45jährig, m. (Abb. 1–4)
Klinik: 2jähriger Krankheitsverlauf, Beginn mit Leistungsabbau und Gewichtsverlust von 12 kg in 3–4 Monaten, Muskelschmerzen, Lymphknotenschwellung, Exanthem. Ein Jahr ante finem Toxoplasmoseherd rechte Kleinhirnhemisphäre, auf spezifische Therapie mit Purimethanin Besserung innerhalb weniger Wochen. Danach choreatiformes Syndrom, Grand-mal-Anfälle, Verdacht auf subakute Enzephalitis. Zunehmendes organisches Psychosyndrom mit Demenz, parkinsonistische Symptome (Akinese, Rigor). Im CT hypodense Herde im Kleinhirn-Oberwurm und Thalamus rechts. Marasmus.
Autopsie: AIDS. Generalisiertes Kaposi-Sarkom. Schwere Atherosklerose. Hochgradige Hodenatrophie beiderseits.

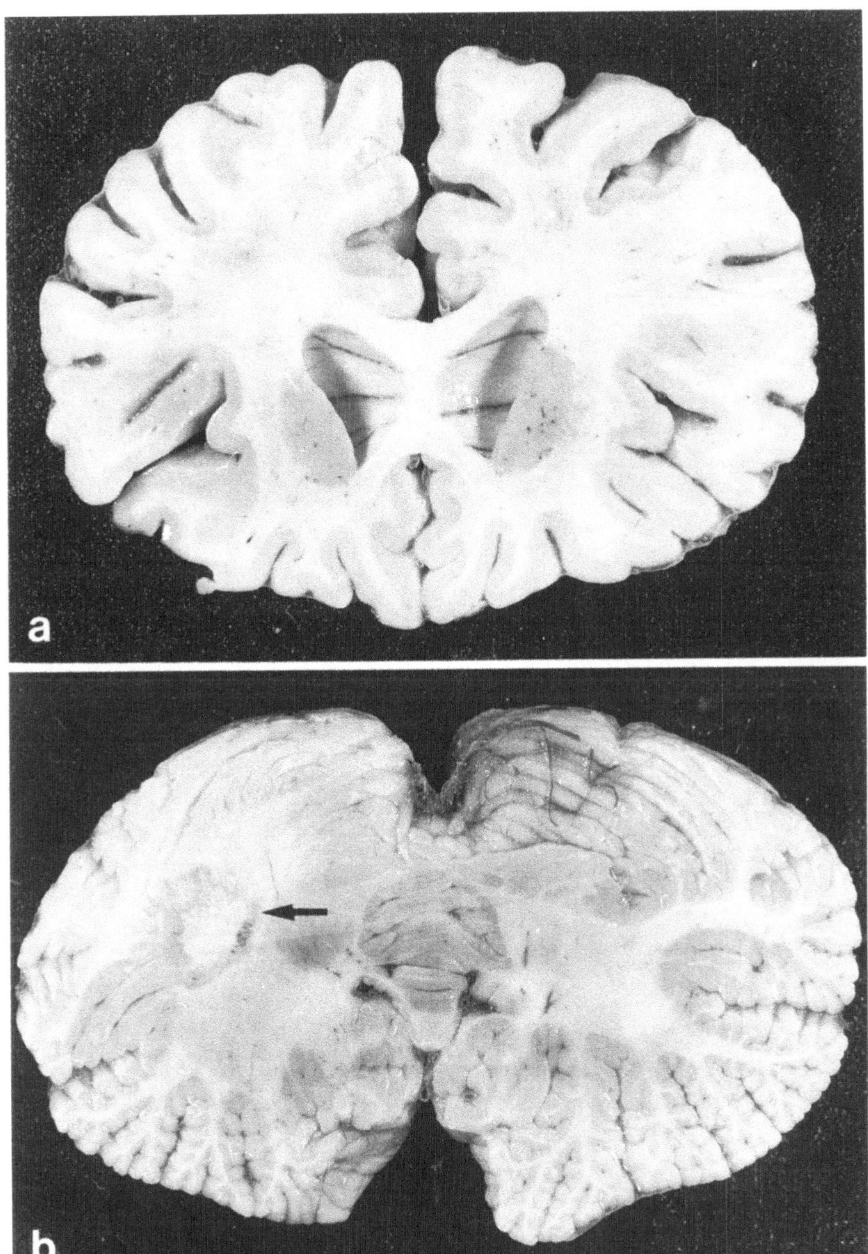

Abb. 1a, b. Fall 3 (NI 6204/85). (a) Frontalschnitt durch das Stirnhirn, leichte Hirnatrophie. Ventrikel erweitert. (b) Horizontalschnitt durch das Kleinhirn. Toxoplasmoseherd

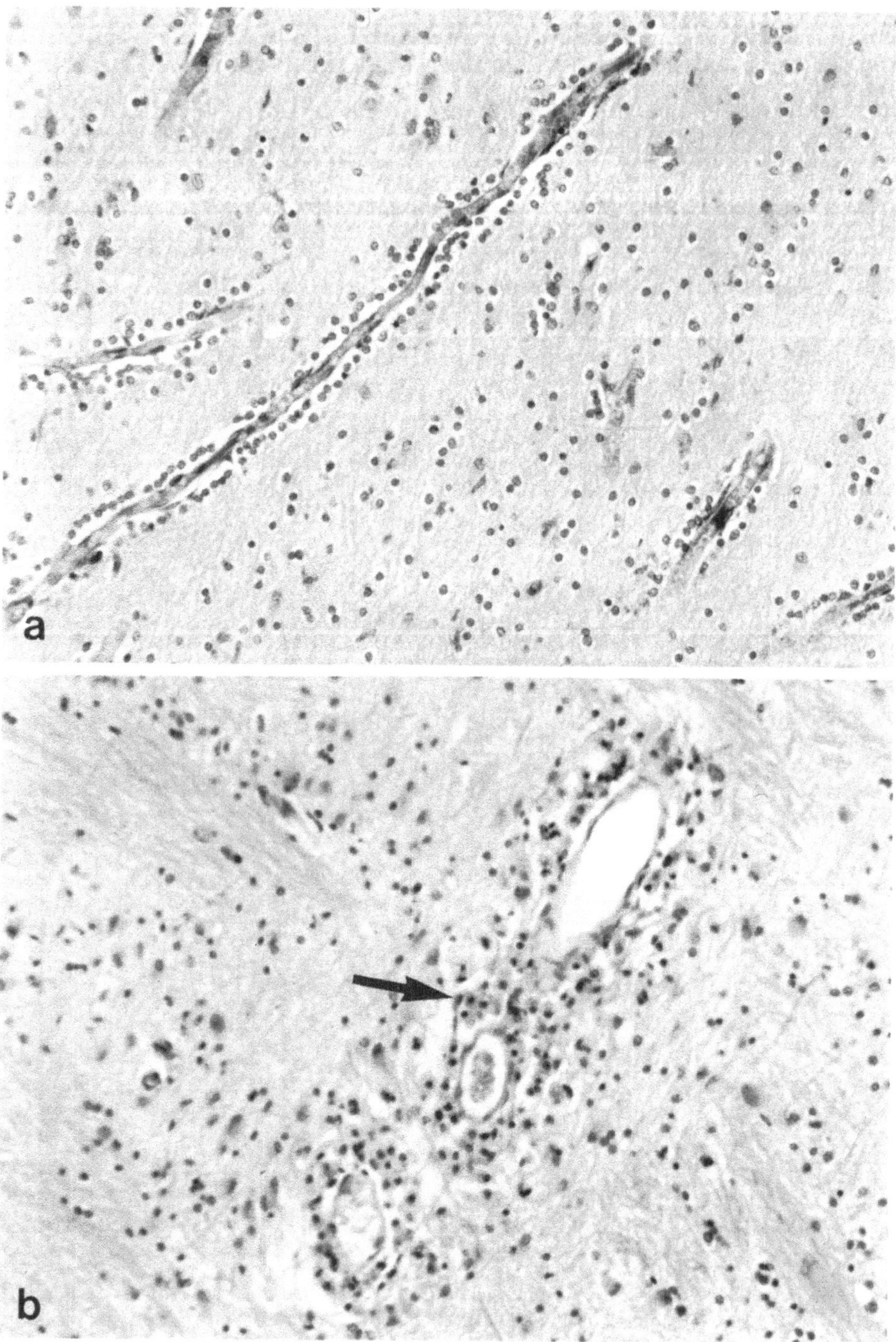

Abb. 2a, b. Fall 3 (NI 6204/85). (a) Saumförmige perivaskuläre Gliavermehrung im frontalen Marklager; HE. (b) Perivaskuläre gemischtzellige granulomatöse Reaktion bei metastasierender Toxoplasmose. → Makrophagen; HE, ×194

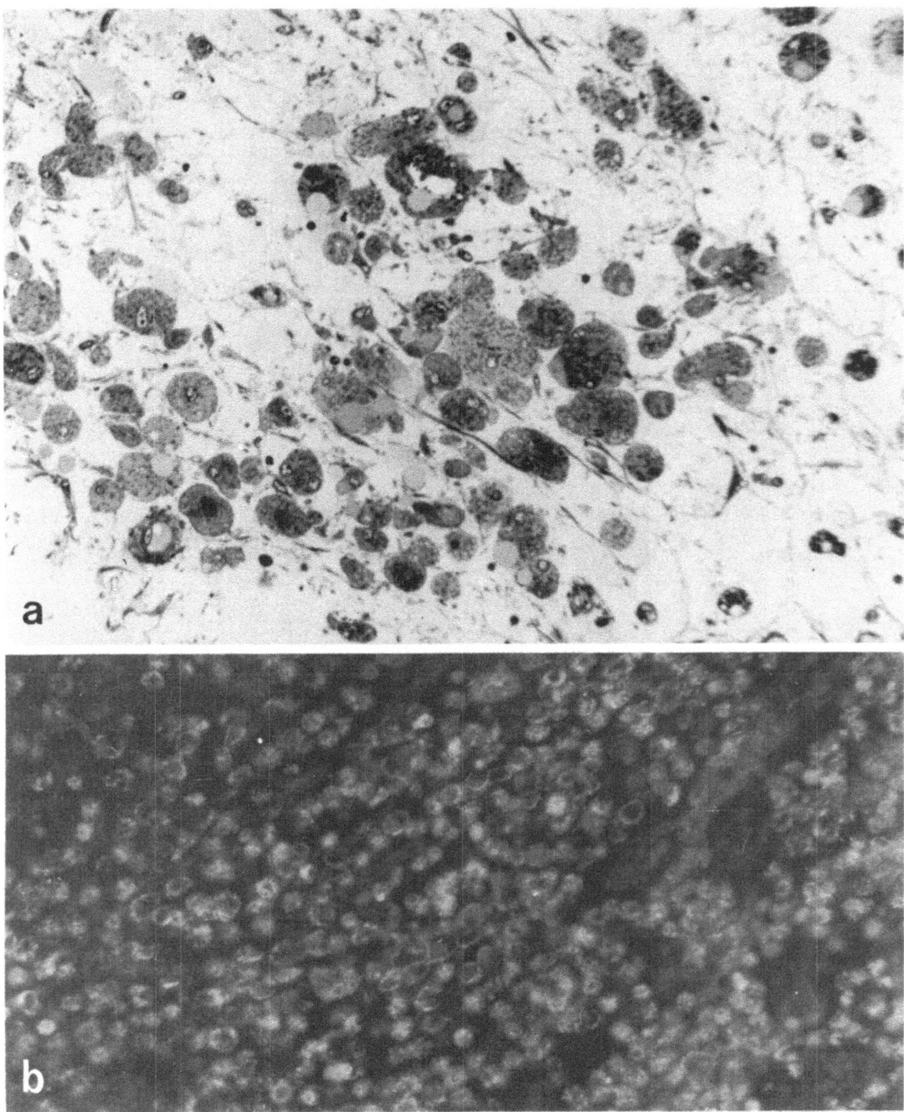

Abb. 3a, b. Fall 3 (NI 6204/85). (a) Makrophagen variierender Größe mit Lipideinschlüssen und dunklen Granula in behandeltem Toxoplasmoseherd des Kleinhirns. Semidünnschnitt; Toluidinblau, × 520. (b) Makrophagen in dem gleichen Herd, Autofluoreszenz der Pigmenteinschlüsse, ungefärbtes Präparat, × 375

Hirnbefund: Makroskopisch kleines untergewichtiges Gehirn (1120 g), Hirnatrophie mäßigen Grades, Hydrocephalus internus, Trübung und Verdickung der Leptomeninx frontal und parietal. Ältere irregulär konfigurierte demarkierte Gewebsdefekte in beiden Kleinhirnhemisphären, nekrotisch-käsiger Rundherd im rechten Kleinhirnmarklager.
Histologie: Verbreitet Gliaknötchen und perivaskuläre Gliaproliferation in Großhirnrinde und -mark. Die Kleinhirnherde bestehen aus massenhaften Fettkörnchenzellen, die Lipidtropfen und Pigment enthalten. In den Randbezirken dieser Herde gemischt gliös-bindegewebige Vernarbung. Keine Toxoplasmose-Pseudozysten in den Herden.

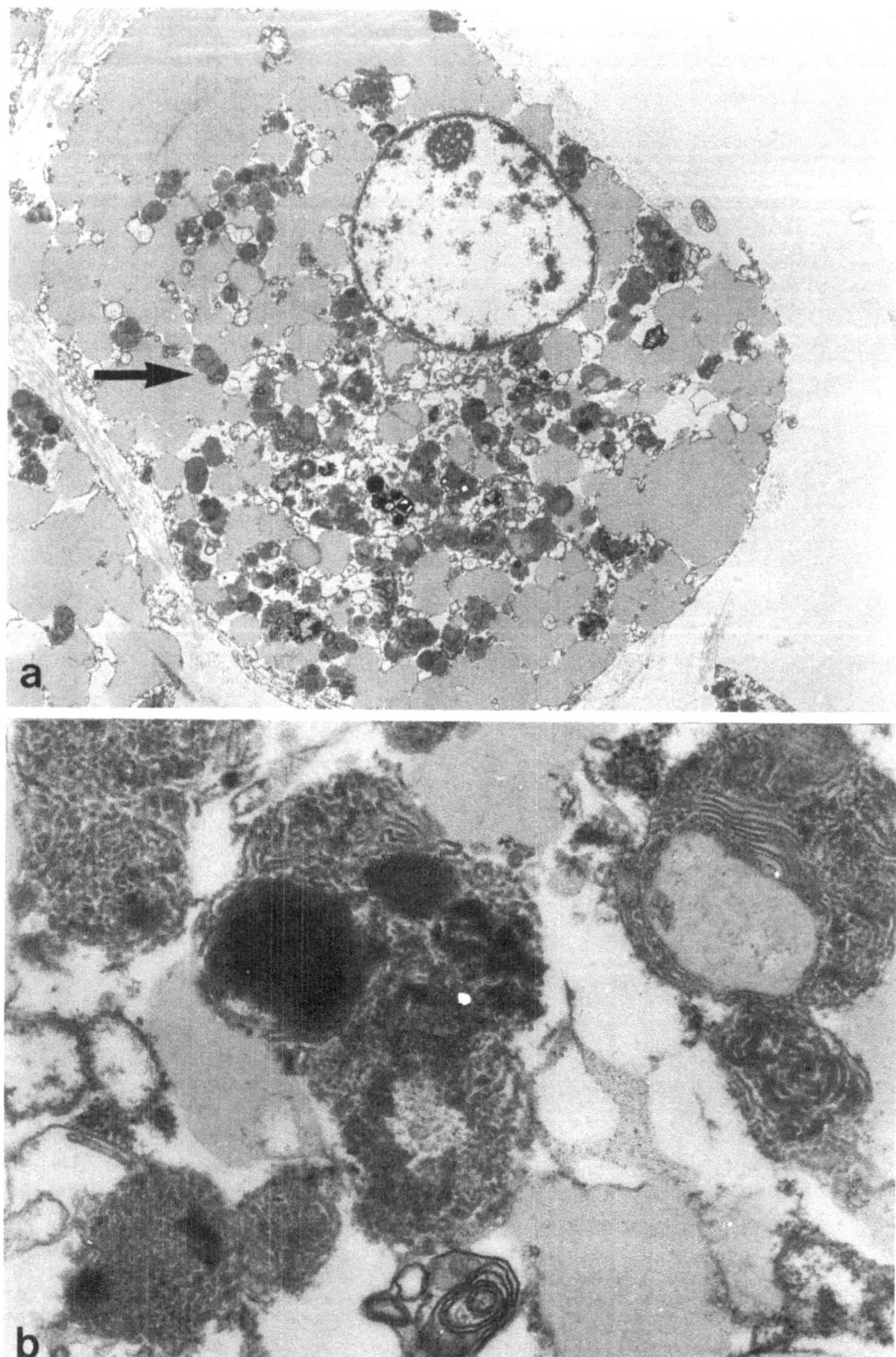

Abb. 4a, b. Fall 3 (NI 6204/85). Makrophagen in behandeltem Toxoplasmoseherd des Kleinhirns. Elektronenmikroskopische Aufnahmen. (a) Lipideinschlüsse und dunkle Pigmentgranula (→), × 4800. (b) Lineare und granuläre Struktur der Pigmentgranula in den Makrophagen, × 35000

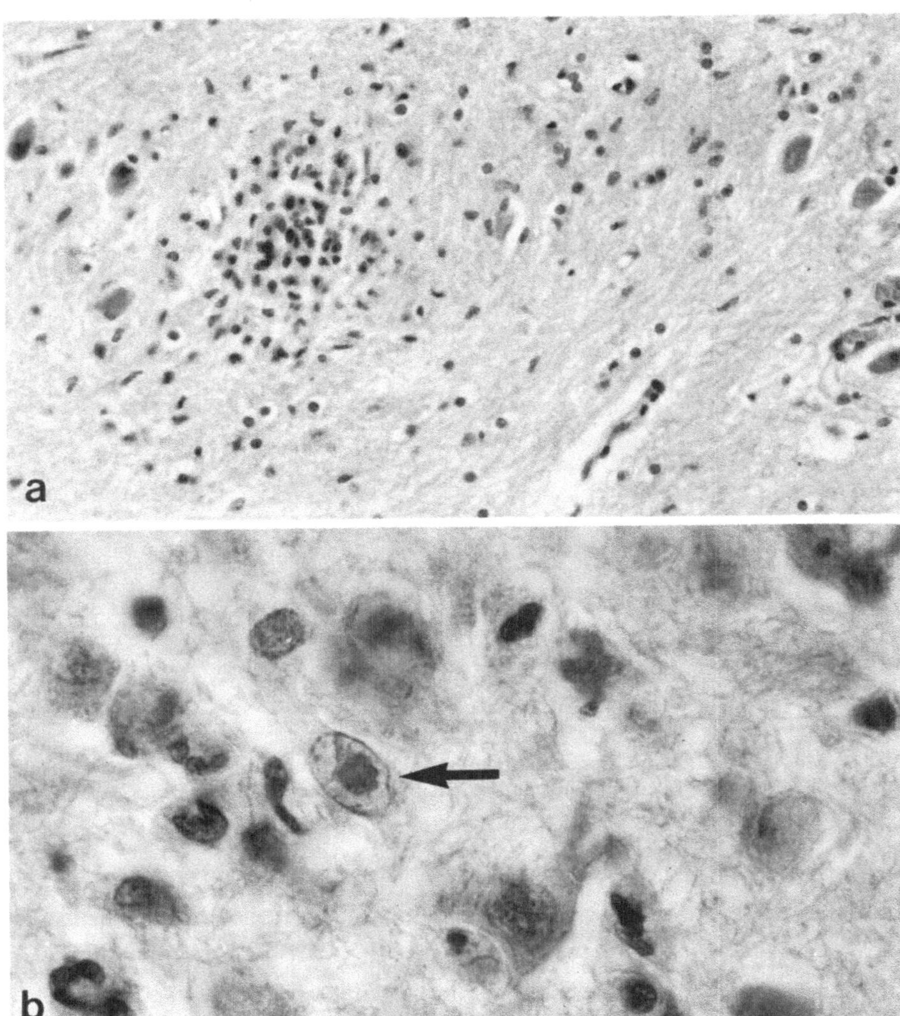

Abb. 5a, b. Fall 4 (NI 6240/85). (a) Gliaknötchen im Zellband der unteren Olive. Leichter Nervenzellausfall; HE, ×282. (b) Zelle mit intranukleärem Zytomegalievirus-Einschlußkörper (→) in einem Gliaknötchen im Corpus geniculatum laterale; HE, ×968

Diagnose: Subakute HIV-Enzephalitis. Herdförmige Nekrosen im Kleinhirn (Zustand nach Toxoplasmosetherapie).

Fall 4 (6240/85), 34jährig, m. (Abb. 5 u. 6)
Klinik: 10 Monate dauernder Verlauf, Beginn mit Herpes zoster L_3 rechts, schwere Sensibilitätsstörungen und Ataxie. Homonyme Hemianopsie links. Wesensveränderungen. Toxoplasmoseverdächtige Herde im Gehirn, spezifische Behandlung, Rückbildung der Herde. Stomatitis aphthosa. Herpes labialis.
Autopsie: AIDS. Generalisierte CMV-Infektion.
Hirnbefund: Makroskopisch leichte Trübung der weichen Häute, herdförmige Veränderungen in der 3. Schläfenwindung und im Okzipitallappen (Area striata rechts). Kleine zystische Herde in der

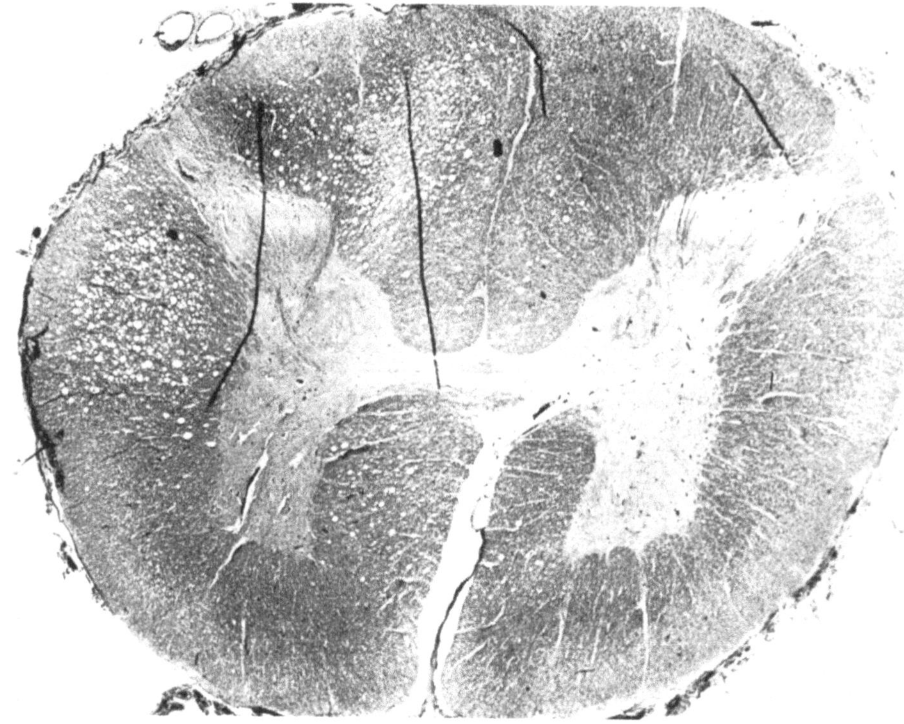

Abb. 6. Fall 4 (NI 6240/85). Querschnitt durch das Lumbalmark. Unsystematische vakuoläre Myelopathie. Besonders betroffen sind Hinter-, Seiten- und Vorderstrang einer Seite; HW, × 21

Kleinhirnrinde. Ependymitis granularis, Hydrocephalus internus. Verfärbung der Hinterstränge des Rückenmarks.
Histologie: CMV-Infektion des Gehirns, granulomatöse Enzephalitis mit Koagulationsnekrosen, z.T. verkalkt. Mehrkernige Riesenzellen im Großhirnmark, unabhängig von CMV-Zell-Gliaknötchen in Kleinhirn und Hirnstamm. Vakuoläre Myelopathie der Pyramidenbahn in Höhe der Medulla oblongata, vakuoläre Myelopathie und sekundäre Strangdegenerationen im Rückenmark.
Diagnose: Subakute HIV-Enzephalitis. CMV-Infektion des Gehirns, vermutlich HIV-bedingte vakuoläre Myelopathie. Behandelte Toxoplasmoseherde.

Fall 5 (6247/85), 31jährig, w. (Abb. 7 u. 8)
Klinik: 16 Monate dauernder Krankheitsverlauf, disseminiertes Kaposi-Sarkom, Zeichen der subakuten Enzephalitis mit Kopfschmerzen, organisches Psychosyndrom, allgemeine Verlangsamung im EEG. Im CT kortikale Atrophie. Verdacht auf atypische Mykobakterien-Infektion.
Autopsie: AIDS. Generalisiertes Kaposi-Sarkom. Hochgradiger Ikterus.
Hirnbefund: Deutliche Trübung der Leptomeninx mit ikterischer Verfärbung. Leichte kortikale Atrophie und Ventrikelerweiterung. Hyperämischer Herd links parietal. Ependymitis granularis.
Histologie: Fokale lymphozytäre Infiltrate in den weichen Häuten, Meningealfibrose. Diskrete lymphozytäre Gefäßwandinfiltrate in der Marksubstanz des Gehirns. Umschriebener frischer nekrotischer Aspergilloseherd links parietal. Ependymitis granularis. Neuro-axonale Dystrophie in der Zona rubra der Substantia nigra. Ältere hypoxische Nervenzellschäden im Ammonshorn.
Diagnose: Subakute HIV-Meningo-Enzephalitis. Leichte Hirnatrophie. Umschriebene Herdenzephalitis mit Aspergillus.

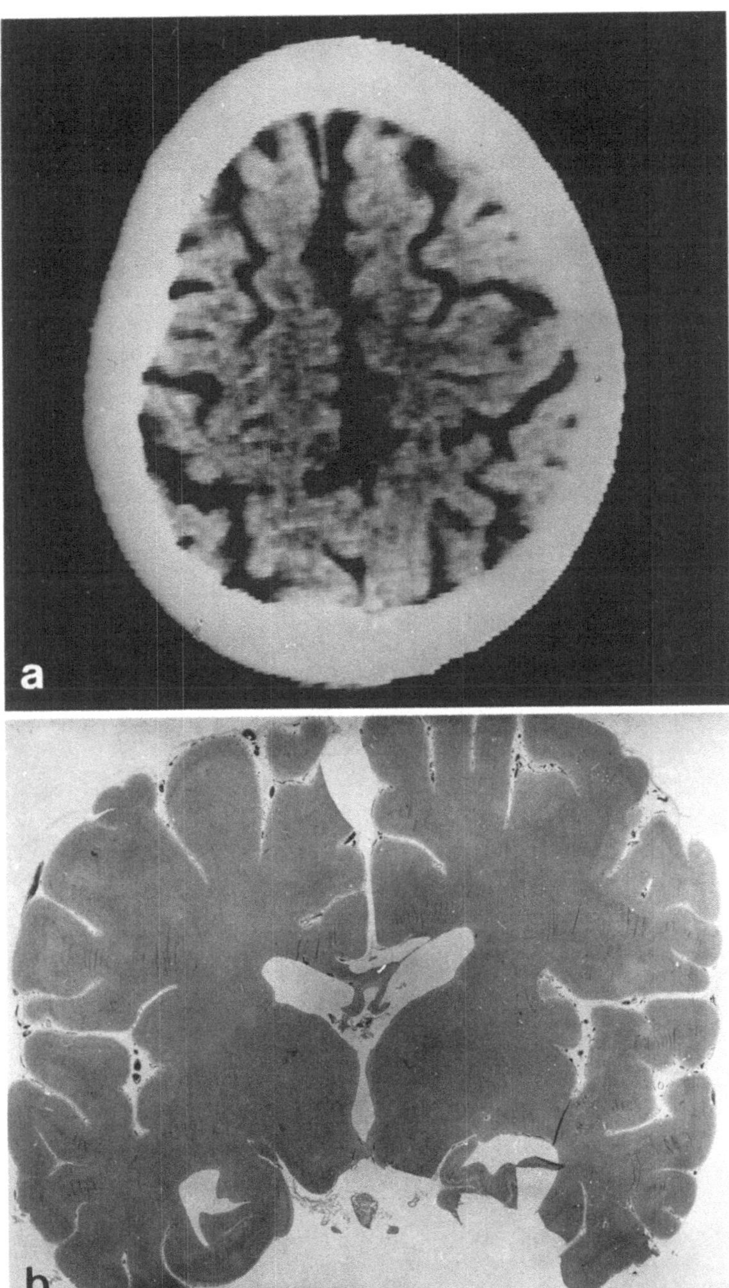

Abb. 7a, b. Fall 5 (NI 6247/85). (a) CT, horizontale Schicht: Hirnatrophie. (b) Frontalschnitt durch das Gehirn: leichte Rindenatrophie, Ventrikelerweiterung; HE

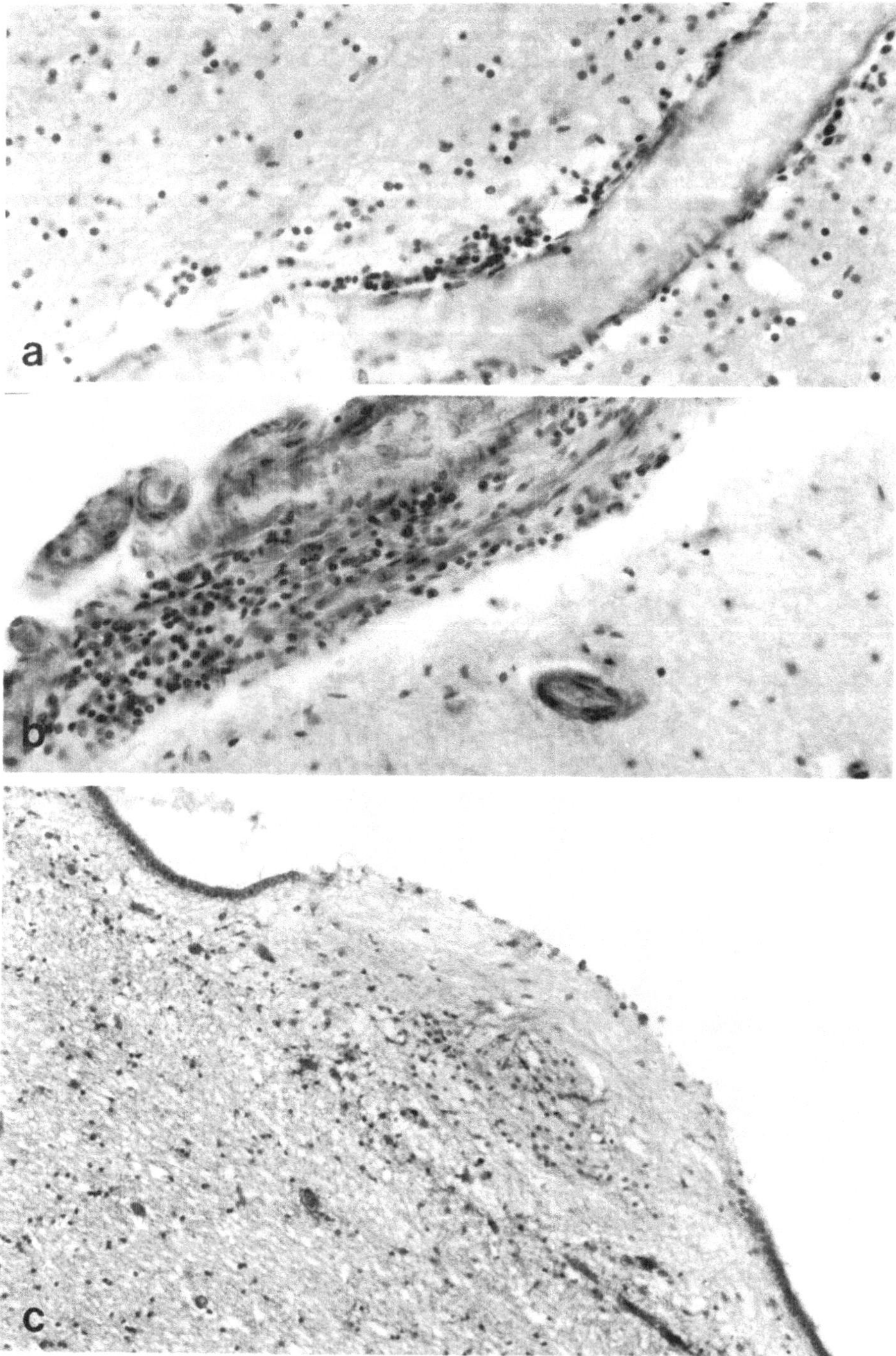

Abb. 8a–c. Fall 5 (NI 6247/85). (a) Lymphozytäres perivaskuläres Infiltrat im Marklager des Centrum semiovale rechts; HE, × 323. (b) Perivaskuläres mononukleäres Infiltrat eines Pialgefäßes in der Leptomeninx zwischen der 1. und 2. Schläfenlappenwindung links; HE, × 245. (c) Ependymitis granularis im Hinterhorn des Seitenventrikels; PAS, × 147

Fall 6 (6255/85), 36jährig, m.
Klinik: Interstitielle Pneumonie.
Autopsie: AIDS. Ältere Pneumocystis-carinii-Pneumonie. Hodenatrophie.
Hirnbefund: Makroskopisch geringfügige Trübung der weichen Häute. Geringe Zeichen einer kortikalen Atrophie. Hyperämie des Markes. Ependymitis granularis.
Histologie: Meningealfibrose. Diskrete lymphozytäre Gefäßwandinfiltrate im Großhirnmarklager. Frische Ependymitis granularis der Seitenventrikel. Etat criblé des Pallidums. Vereinzelte Gliaknötchen im Hirnstamm. Lobuläre zerebelläre Sklerose.
Diagnose: Subakute HIV-Meningo-Enzephalitis.

Fall 7 (6258/85), 33jährig, m.
Klinik: Toxoplasmoseherde, auf spezifische Behandlung nur geringe Besserung.
Autopsie: generalisierte Zytomegalie-Infektion bei erworbenem Immundefektsyndrom (AIDS). Panmyelophthise.
Hirnbefund: Leichte sulzige Trübung der weichen Häute. Links frontal scharf begrenzter, aus mehreren Knoten bestehender Herd (4,5 cm Durchmesser), der das Vorderhorn nach kaudal verdrängt und sich über das Balkenknie in das Marklager des rechten Stirnlappens ausdehnt.
Histologie: Granulomatöser Prozeß mit zentraler Nekrose im Abräumstadium. An der Peripherie lymphozytär-plasmazellulär-monozytäre Infiltrate. In ihnen und in der Umgebung Toxoplasmose-Pseudozysten. Im parietalen Marklager spongiöse Auflockerung, perivaskuläre PAS-positive Makrophagen, kleinherdige Entmarkungen. An anderen Orten isolierte mehrkernige Riesenzellen in Leptomeninx und Hirngewebe.
Diagnose: Toxoplasmosegranulom links frontal. Disseminierte Entmarkungsherde im Großhirn. Isolierte mehrkernige Riesenzellen (Verdacht auf HIV-bedingte Enzephalitis).

Fall 8 (6280/85), 37jährig, m.
Klinik: LAS. Keine neurologische Symptomatik.
Autopsie: LAS. Retroperitoneales malignes Histiozytom, Bronchopneumonie.
Hirnbefund: Makroskopisch Meningealfibrose, Gefäßstauung.
Histologie: Meningealfibrose, vermehrte Makrophagen in den weichen Häuten.
Diagnose: Keine sicheren Zeichen einer HIV-Enzephalitis oder einer opportunistischen Infektion des Gehirns.

Fall 9 (6290/85), 35jährig, m. (Abb. 9)
Klinik: Akute Entwicklung eines organischen Psychosyndroms, allgemeine Verlangsamung des EEG, herdförmige Ausfälle und CT-Herde im Stammganglienbereich, toxoplasmose-verdächtig. Eine Behandlung konnte nicht mehr stattfinden.
Autopsie: Generalisiertes Kaposi-Sarkom. Disseminierte Zytomegalie-Infektion. Pneumocystis-carinii-Pneumonie bei erworbenem Immundefektsyndrom (AIDS). Umschriebene kleinherdige Nekrose der Hypophyse. Hodenatrophie.
Hirnbefund: Weiche Häute an der Konvexität getrübt, verdickt. Multiple bis 1,5 cm große Herde im subkortikalen und tieferen Marklager, Striatum und innerer Kapsel, grau-weißlich, mit rötlichem Saum.
Histologie: Disseminierte, oft konfluierende granulomatöse Herde mit Nekrosen in verschiedenen Stadien, mit entzündlichem Randsaum (Lymphozyten, Monozyten, Histiozyten, Plasmazellen und mit massenhaft Toxoplasmose-Pseudozysten sowie freien Toxoplasmen). Unabhängig von diesen Herden in Rinde und Mark Gliaknötchen mit oder ohne Pseudozysten, auch isolierte Pseudozysten. Allgemeine leichte Gliavermehrung im Mark. Frischer anämischer Infarkt im Gyrus fusiformis rechts bei Lumenverschluß benachbarter Gefäße durch Toxoplasmen (Erregerthromben).
Diagnose: Disseminierte konfluierende Toxoplasmose-Enzephalitis. Frischer anämischer Infarkt infolge Erregerthromben. Kein Hinweis für Zytomegalie oder HIV-Enzephalitis.

Fall 10 (6293/86), 42jährig, w.
Klinik: Pneumocystis-carinii-Pneumonie. Generalisierte CMV-Infektion. Herpes-simplex-Virus-Infektion. Zeichen einer subakuten Enzephalitis, organisches Psychosyndrom. Im CT einen Monat ante finem keine Besonderheiten.
Autopsie: AIDS. Sepsis. Hepato- und Splenomegalie.

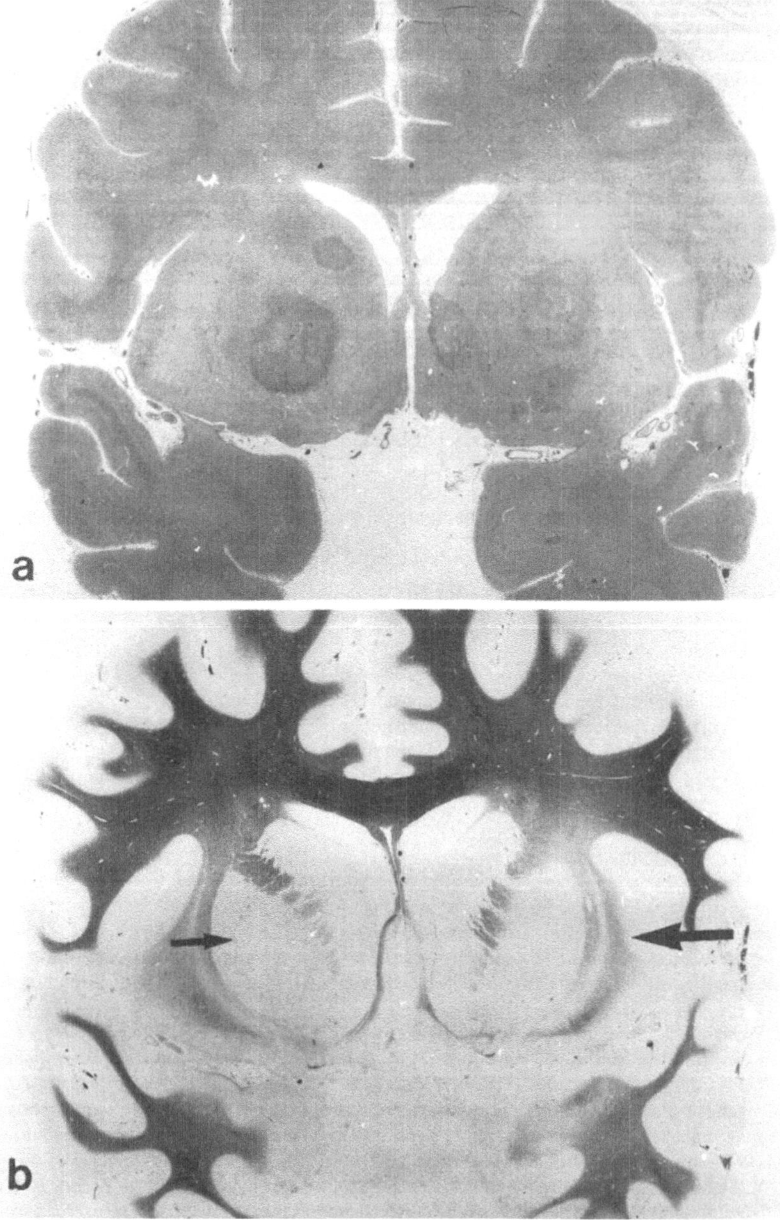

Abb. 9a, b. Fall 9 (NI 6290/86). (a) Multiple Rundherde in Striatum beidseits. Seitenventrikel einseitig komprimiert; HE. (b) Gleiche Schnittebene: perifokale ödembedingte Entmarkung der Capsula interna, externa und extrema. Ein Rundherd ist im linken Putamen eben erkennbar (→)

Hirnbefund: Makroskopisch leichte Trübung der weichen Häute, geringer Hydrocephalus internus, frontalbetont. Einseitige Olfaktorius-Aplasie.
Histologie: Geringe Meningealfibrose. Perivaskuläre Lymphozyteninfiltrate in den weichen Häuten, Großhirnrinde und -marklager sowie Hirnstamm. Vereinzelte Gliaknötchen im Striatum.
Diagnose: Subakute HIV-Meningo-Enzephalitis.

Fall 11 (6294/86), 44jährig, m.
Klinik: Pneumocystis-carinii-Pneumonie. Herzstillstand. Assistierte Beatmung. Nach 3 Tagen Spontanatmung. Fieber, Verschlechterung, Asphyxie.
Autopsie: Pneumcystis-carinii-Pneumonie bei erworbenem Immundefektsyndrom (AIDS). Im Hoden Reifungsarrest auf der Stufe der Spermatozyten.
Hirnbefund: Leichte fleckförmige Trübung der weichen Häute. Diskrete fleckförmige Subarachnoidalblutungen links parietal und okzipital. Fleckförmige graue Verfärbung des Markes.
Histologie: Meningealfibrose leichten Grades. Keine Anhaltspunkte für eine HIV-Enzephalitis oder für eine opportunistische Infektion.
Diagnose: Keine pathologischen Veränderungen am Gehirn.

Fall 12 (6301/86), 25jährig, w. (Abb. 10)
Klinik: Kopfschmerzen, epileptiforme Anfälle, Bewußtseinsstörungen. Schwere diffuse Kryptokokken-Meningitis, unter Behandlung Besserung der Symptomatik, jedoch Erblindung.
Autopsie: Erworbenes Immundefektsyndrom (AIDS). Zustand nach Kryptokokkeninfektion. Kaposi-Sarkom. Aktinomykose.
Hirnbefund: Makroskopisch schwere porzellanweiße Trübung und Verdickung der weichen Häute, multifokale, multilokuläre zystische Herde in Rinde und Stammganglien. Mäßige Erweiterung der Temporalhörner der Seitenventrikel.
Histologie: Schwere diffuse Kryptokokken-Meningitis und -Enzephalitis mit vielkernigen großen Riesenzellen in Großhirn, Kleinhirn, Stammganglien, meist areaktiv, perivaskulär akzentuiert. Gemischt gliös-mesenchymale Knötchen mit Riesenzellen. Ependymitis granularis. Im Hirnstamm kein Kryptokokkenbefall, lockere Gliaknötchen und solitäre mehrkernige Riesenzellen ohne Kryptokokken-Einschlüsse. Frische hypoxische Enzephalopathie der unteren Olive.
Diagnose: Kryptokokken-Meningitis und -Enzephalitis. Subakute HIV-Enzephalitis im Hirnstamm.

Fall 13 (6310/86), 26jährig, m.
Klinik: Miliartuberkulose, erfolgreich behandelt. Pneumocystis-carinii-Pneumonie. Keine neurologische Symptomatik.
Autopsie: Pneumocystis-carinii-Pneumonie bei erworbenem Immundefektsyndrom (AIDS). Kaposi-Sarkom.
Hirnbefund: Leichte Meningealfibrose.
Histologie: Einzelnes perivaskuläres Rundzelleninfiltrat im Splenium des Balkens.
Diagnose: Keine sichere Affektion des Gehirns.

Fall 14 (6313/86), 34jährig, m. (Abb. 11)
*Klinik:*7 Monate Krankheitsdauer. Sehstörungen. Im CT ein toxoplasmose-verdächtiger Herd okzipital, wurde behandelt, Remission. Später im CT Kleinhirnherd, sprach nicht auf Toxoplasmosetherapie an. Keine Zeichen einer subakuten Enzephalitis. Keine allgemeinen EEG-Veränderungen. Kein organisches Psychosyndrom. Im CT erweiterte äußere Liquorräume.
Autopsie: Generalisierte CMV-Infektion. Abszedierende Aspergillose.
Hirnbefund: Makroskopisch Trübung der Meningen, im Nucleus caudatus links hämorrhagische Nekrose mit Schleimbildung, im Nucleus caudatus rechtshämorrhagische Nekrose, Koagulationsnekrosen parieto-median links und okzipital rechts, Rundherd in der linken Kleinhirnhemisphäre. Asymmetrischer Hydrocephalus internus occlusus. Ependymitis granularis.
Histologie: Meningealfibrose, CMV-Infektion parietal links, okzipital rechts und im Gyrus paracingularis. Aspergillose im Nucleus caudatus und im Seitenventrikel links. Aspergillose im rechten Caudatum. Mehrkernige Riesenzellen auf den Ependymzellen des Seitenventrikels. Disseminierte Gliaknötchen, vereinzelt mit CMV-Zelle, in Großhirnrinde, Ammonshorn, Brücke, Medulla oblongata und im Vorderhorn des Rückenmarks. Axonschwellungen im lateralen Teil der Pyramidenbahn (oberes Halsmark). Malignes Lymphom des Kleinhirnmarklagers und im Centrum semiovale.

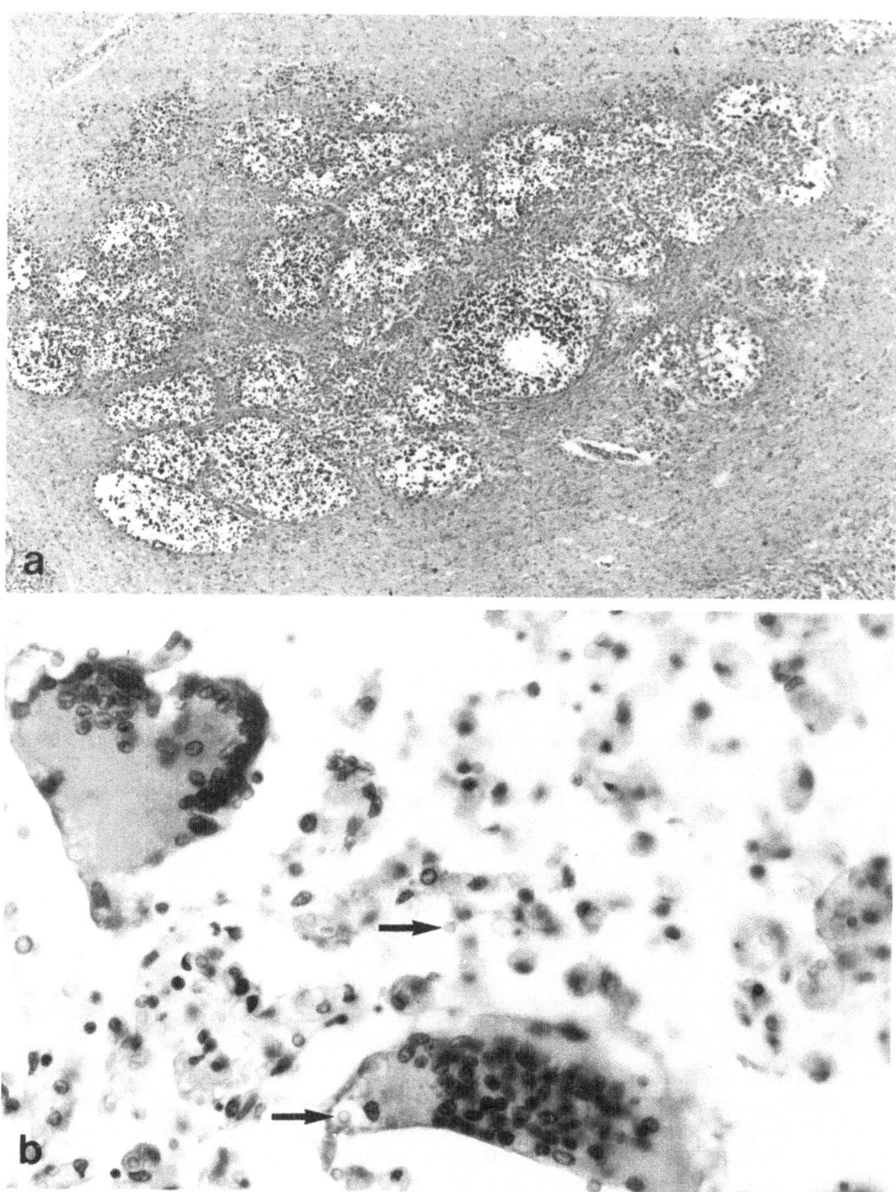

Abb. 10a, b. Fall 12 (NI 6301/86). (a) Kryptokokkenherde im Pallidum internum; Alcianblau, × 38. (b) Mehrkernige Riesenzellen teilweise mit Kryptokokken (→), in der Leptomeninx über der 1. Stirnwindung, in der Umgebung Makrophagen, freie Erreger und Rundzellen; HE, × 342

Diagnose: Toxoplasmoseherde, CMV-Enzephalitis, Aspergilloseherde, malignes lymphoblastisches B-Zell-Lymphom in Klein- und Großhirn. Subakute HIV-Enzephalitis in Großhirn, Hirnstamm und Rückenmark.

Fall 15 (6315/86), 39jährig, m.
Klinik: Pneumocystis-carinii-Pneumonie. Keine neurologische Symptomatik.

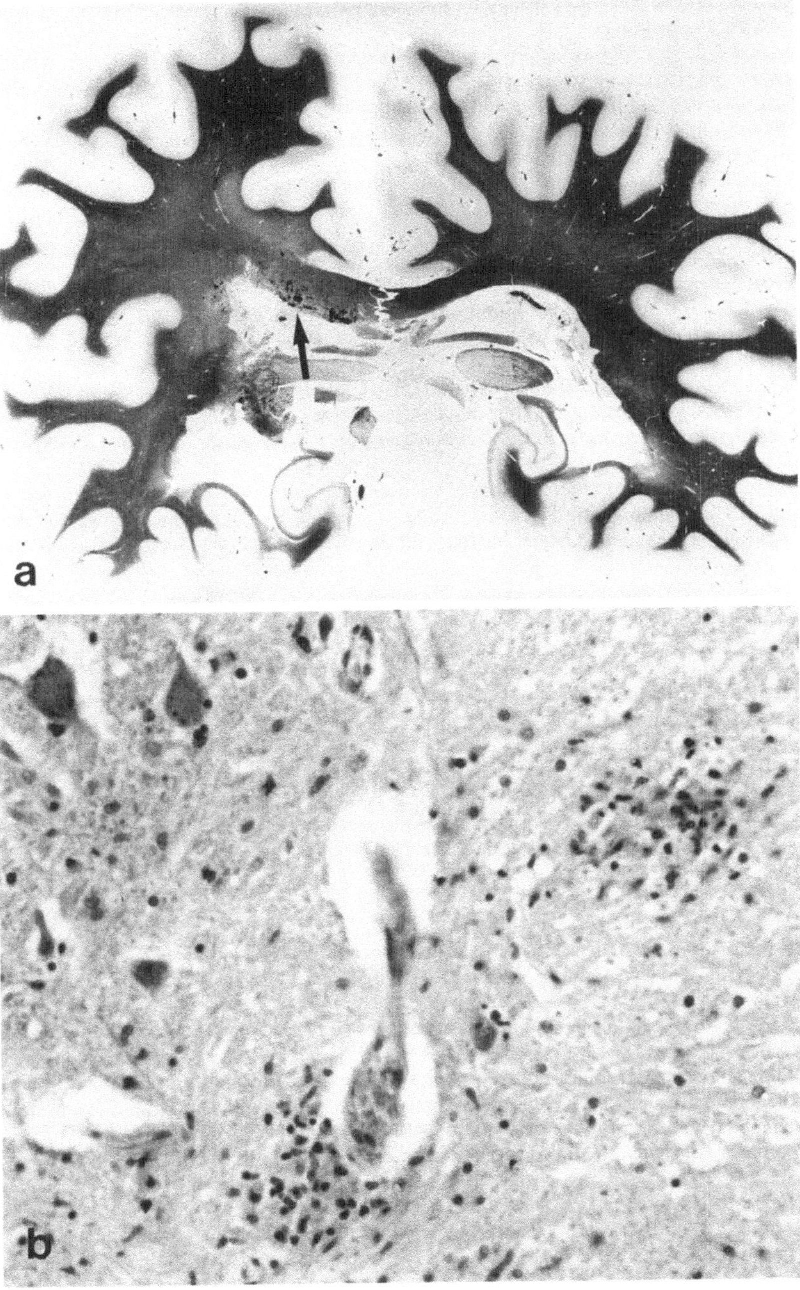

Abb. 11a, b. Fall 14 (NI 6313/86). (a) Frische hämorrhagische Nekrose bei metastasierender Aspergillus-Encephalitis entlang der lateralen Umschlagstelle der Cella media des linken Seitenventrikels mit Beteiligung des Balkens, des Nucleus caudatus und des periventrikulären Marklagers (→); HW, × 1. (b) Gliaknötchen im Halsmark, Fasciculus proprius, Vorderhorn; HE, × 275

Autopsie: Karnifizierende Pneumocystis-carinii-Pneumonie. Candida-Infektion, Virus-Ösophagitis mit mehrkernigen Riesenzellen.
Hirnbefund: Makroskopisch Hirnschwellung links temporo-okzipital. Leichte Trübung der weichen Häute. Herdförmige Hyperämie temporookzipital. Allgemeine Hyperämie der Marksubstanz. Geringe Windungsatrophie und Erweiterung der Vorderhörner.
Histologie: Herdförmige Teleangiektasien links temporo-okzipital (kapilläres Angiom), teilweise thrombosiert. Sonst keine Veränderungen am Gehirn.
Diagnose: Kapilläres Angiom temporo-okzipital links. Kein Anhalt für HIV-Infektion des Gehirns oder opportunistische Infektion.

Fall 16 (6317/86), 55jährig, m. (Abb. 12 u. 13)
Klinik: Zeichen der subakuten Enzephalitis. 1½jährige Krankheitsdauer. Progredientes organisches Psychosyndrom. Im CT Rindenatrophie ohne Progredienz, Ventrikelerweiterung, jedoch keine herdförmigen Veränderungen, keine hypodensen subkortikalen Bereiche. Kaposi-Sarkom. Mundpilzbefall. Addison-Syndrom.
Autopsie: Generalisiertes Kaposi-Sarkom. Generalisierte CMV-Infektion. Multiple Hämangiome.
Hirnbefund: Makroskopisch leichte Trübung der weichen Häute. Angedeutete Rindenatrophie, vor allem temporal, großer Herd im rechten Kleinhirnmarklager. Mäßiger Hydrocephalus internus. Ependymitis granularis. Plexuszysten.
Histologie: Meningealfibrose. Leptomeningeale Makrophagen und CMV-Herdchen in der Kleinhirnrinde und im Hirnstamm. Verbreitet Gliaknötchen in Großhirnrinde, Stammganglien, Brücke, Mittelhirn, Medulla oblongata und Kleinhirnrinde, selten im Mark. Malignes Lymphom des Kleinhirnmarkes.
Diagnose: Subakute HIV-Enzephalitis. Leichte Hirnatrophie. CMV-Enzephalitis. Malignes Lymphom des Kleinhirns (Immunozytom vom pleomorphen Subtyp).

Fall 17 (6334/86), 61jährig, m.
Klinik: Perakuter Verlauf bei Kryptokokken-Meningitis mit Hirnnervenausfällen, besonders der Augenmuskeln. Epileptiforme Anfälle. Koma.
Autopsie: Generalisierte Kryptokokkose bei erworbenem Immundefektsyndrom (AIDS) mit Kryptokokkosebefall von Lungen, Lymphknoten, Milz, Thymus, Leber, Niere, Hypophyse und Meningen.
Hirnbefund: Makroskopisch weiche Häute verdickt und getrübt.
Histologie: Kryptokokken-Meningitis dorsal und basal, besonders im Frontalbereich, mit granulozytären Infiltraten, nicht auf das Hirngewebe übergreifend.
Diagnose: Kein Anhalt für HIV-Infektion.

Fall 18 (6340/86), 40jährig, m.
Klinik: Gedächtnisstörung, verlangsamt, progredientes organisches Psychosyndrom. Im CT geringe Rindenatrophie. CMV-Allgemeininfektion mit CMV-Retinitis, entzündliches Liquorzellbild.
Autopsie: AIDS. Kaposi-Sarkom.
Hirnbefund: Makroskopisch sulzige Trübung der weichen Häute. Seitenventrikel erweitert, links stärker als rechts.
Histologie: Mäßige lockere Meningealfibrose, geringe diffuse lymphozytäre Infiltration der Meningen. Pseudolaminäre ischämische Zellveränderungen. Ependymitis granularis des 3. Ventrikels. Perivenöse lymphozytäre Infiltrate im temporalen Mark (Ammonshorn).
Diagnose: Verdacht auf subakute HIV-Enzephalitis.

Fall 19 (6350/86), 65jährig, m.
Klinik: 3monatige Krankheitsdauer. Hemiparese rechts und Sprachstörung. Im Computertomogramm toxoplasmose-verdächtiger, innerhalb von 9 Tagen entstandener Herd im Stammganglien-

Abb. 12a, b. Fall 16 (NI 6317/86). (a) Schnitt durch Kleinhirn und untere Brücke. Rundherd eines malignen Lymphoms mit perifokalem Ödem und ödembedingter Entmarkung im rechten Kleinhirnmarklager; HW, × 0,7. (b) Ausschnitt aus dem malignen Lymphom. Perivaskuläre, oft konzentrisch angeordnete, vorwiegend rundkernige Tumorzellen; Giemsa, × 375

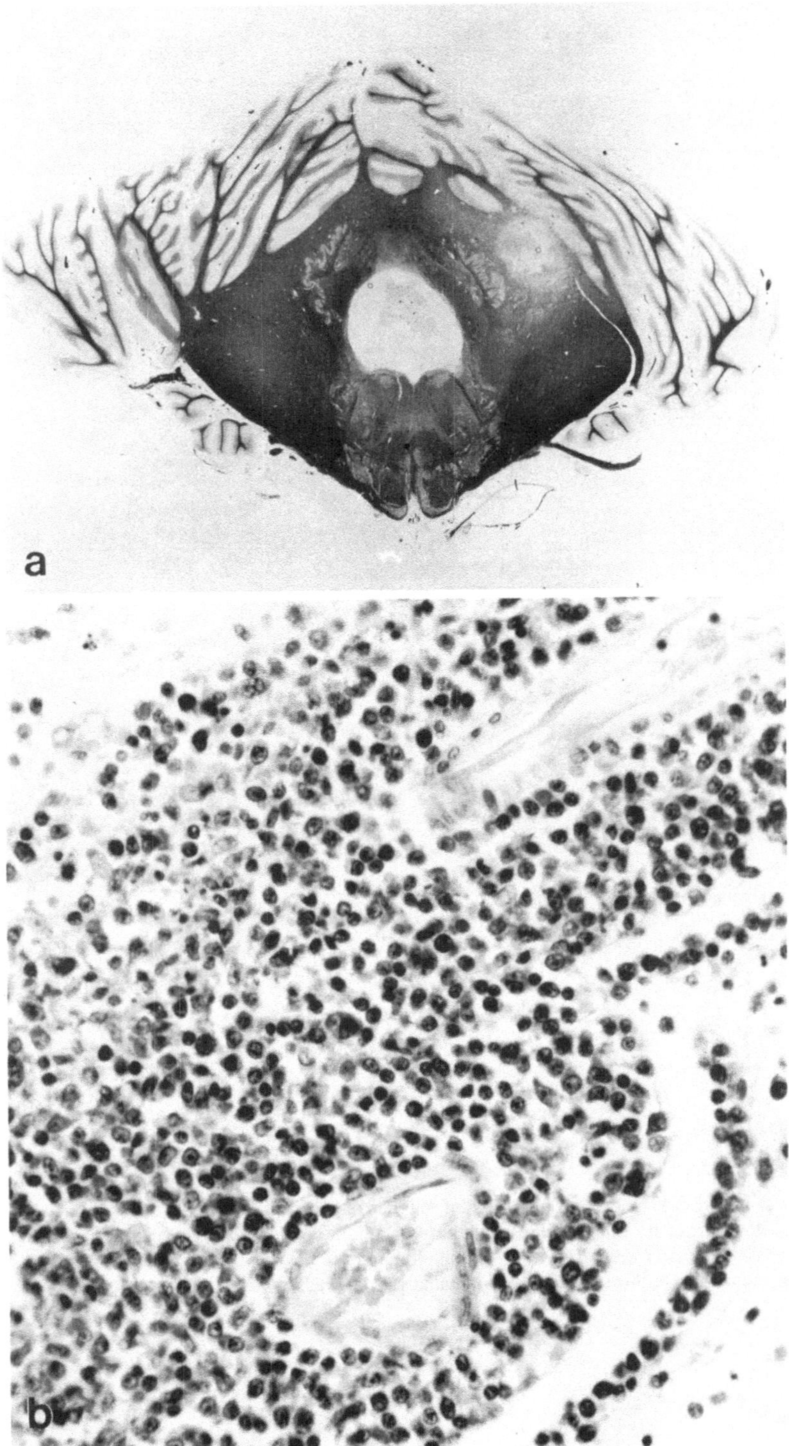
a
b

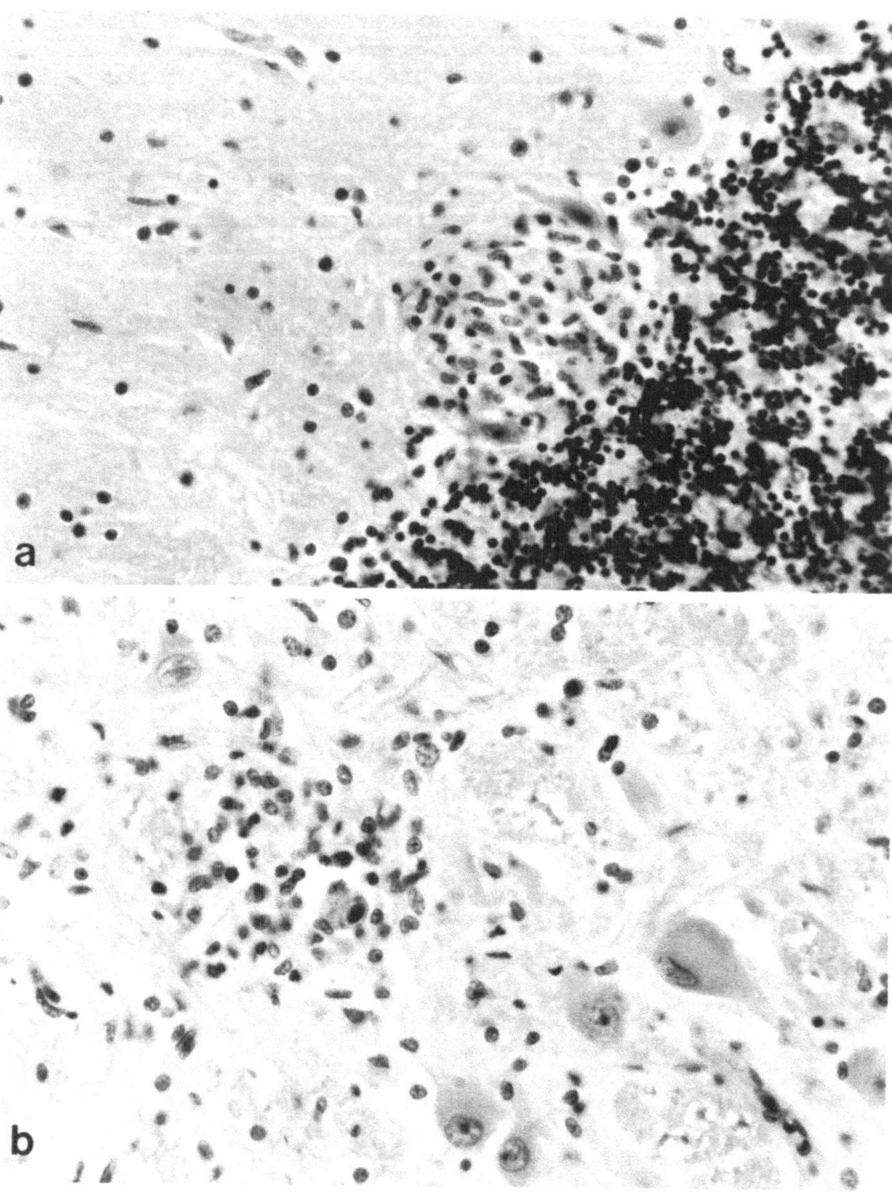

Abb. 13a, b. Fall 16 (NI 6317/86). (b) Gliaknötchen mit Astrozyten und Mikroglia mit Zytomegalie-virus-Kerneinschlußkörper in einer Zelle, umgeben von leicht geschwollenen, chromatolytischen Nervenzellen in der Formatio reticularis der Medulla oblongata; HE, × 380. (a) Gliaknötchen in der Kleinhirnrinde, benachbarte Purkinje-Zellen verschmälert mit Kernpyknose; HE, × 304

bereich und innerer Kapsel links. Rückbildung unter spezifischer Therapie. Zunehmendes organisches Psychosyndrom. Im CT zusätzliche, fleckförmige Herde rechts, geringer auch links frontal und periventrikulär.
Autopsie: AIDS. Pneumocystis-carinii-Pneumonie. Aspergillose. Prostatakarzinom. Schwere Atherosklerose. Hodenatrophie. Myokardinfarkt.
Hirnbefund: Makroskopisch leichte Trübung der weichen Häute. Leichte Arteriosklerose der basalen Gefäße. Markherd in der 1. Stirnwindung rechts, Rindenherd in der 2. Stirnwindung rechts. Herd im rechten Putamen und linken Linsenkern bis Thalamus. Erweitertes Vorderhorn des Seitenventrikels. Ependymitis granularis. Stecknadelkopfgroße Blutung im Thorakalmark.
Histologie: Leichte Meningealfibrose, Koagulationsnekrose in der Rinde der 2. Stirnwindung rechts. Zystische Herde in der vorderen Zentralwindung rechts und linkem Striatum, Teleangiektasien im rechten Operculum. Koagulationsnekrose im Thalamus links mit Toxoplasma-Pseudozysten und freien Trophozoiten. Fleckförmige Entmarkungsherde mit Astrozytenvermehrung und Papovavirus-Kerneinschlüssen in den Oligodendrozyten im Frontalmark. Gliaknötchen in Brücke und Medulla oblongata. Mehrkernige HIV-Riesenzellen in der Brücke, geringe fokale lymphozytäre Enzephalitis im Großhirnmark. Kleine frische Blutung im Hinterhorn des Thorakalmarks.
Diagnose: Toxoplasmose, progressive multifokale Leukoenzephalopathie, subakute HIV-Enzephalitis.

Fall 20 (6353/86), 55jährig, m.
Klinik: Krankenhausaufenthalt 2 Wochen. Verdacht auf subakute Meningo-Enzephalitis. Progredientes organisches Psychosyndrom. Im CT Rindenatrophie. CMV-Retinitis. Anisokorie, Trigeminusneuralgie. Polyneuritis. Periphere Myopathie. Rezidivierende interstitielle Pneumonie.
Autopsie: AIDS. Pneumocystis-carinii-Pneumonie. Aspergillose. Hodenatrophie.
Hirnbefund: Makroskopisch Hyperämie der Marksubstanz des Großhirns und der Vorderhörner im Zervikalmark, deutliche Atherosklerose der Hirnbasisgefäße, sonst makroskopisch unauffällig.
Histologie: Vereinzelte perivaskuläre Lymphozyteninfiltrate im Großhirnmarklager, einzelne Gliaknötchen lumbosakral, retrograde primäre Reizung der motorischen Vorderhornzellen im Lumbalmark bei Zwiebelschalen-Neuropathie mit schwerer Dezimierung der markhaltigen Nervenfasern im peripheren Nerven. Atherosklerose der Hirnbasis- und Konvexitätsgefäße. Kleiner Erweichungsherd im Stadium der Resorption im rechten Fornix. Fibrose der subependymären Arteriolen.
Diagnose: Verdacht auf HIV-Enzephalitis und HIV-Neuropathie.

Fall 21 (6372/86), 42jährig, m.
Klinik: Pneumocystis-carinii-Pneumonie. Keine neurologische Symptomatik.
Autopsie: Schwere ältere Pneumocystis-carinii-Pneumonie bei AIDS. Makroskopisch unauffällig.
Histologie: Fleckförmige Meningealfibrose. Pseudolaminäre ischämische Nervenzellveränderungen in der Großhirnrinde. Geringe perivaskuläre lymphozytäre Infiltrate im Großhirn. Gliaknötchen unter dem Ependym des 3. und 4. Ventrikels.
Diagnose: Subakute HIV-Enzephalitis. Ischämische Zellschädigung.

Fall 22 (6374/86), 42jährig, m. (Abb. 14 u. 15)
Klinik: Lange Krankheitsdauer, disseminierte zentralnervöse Symptomatik, spinale Symptomatik. Periphere Neuropathie. Anzeichen einer subakuten Enzephalitis mit allgemeiner Verlangsamung im EEG und organischem Psychosyndrom.
Autopsie: AIDS. Generalisierte CMV-Infektion. Disseminiertes Kaposi-Sarkom.
Hirnbefund: Makroskopisch geringe Trübung der weichen Häute.
Histologie: CMV-Infektionsherd der Hirnoberfläche, mit pseudolaminärem Verteilungstyp in der 1. und 2. Rindenschicht. CMV-Infektionsherd des Kleinhirns. Gliaknötchen in Großhirnmarklager und Hirnstamm. Spongiöse Auflockerung der Körnerschicht des Kleinhirns. Disseminierte CMV-Infektion des Ependyms, auch spinal. Im Rückenmark retrograde Zellveränderung einiger motorischer Vorderhornzellen. Erheblicher disseminierter Nervenfaserausfall in peripheren Nerven nach Polyneuritis. Faseruntergang in einigen Vorder- und Hinterwurzeln der Cauda equina. Im N. ischiadicus subperineural und endoneural mukoide Substanzen, Endoneuralfibrose.
Diagnose: CMV-Infektion des Gehirns. Subakute HIV-Enzephalitis und -Myelitis. Zustand nach HIV-Polyneuritis mit Nervenfaserausfall.

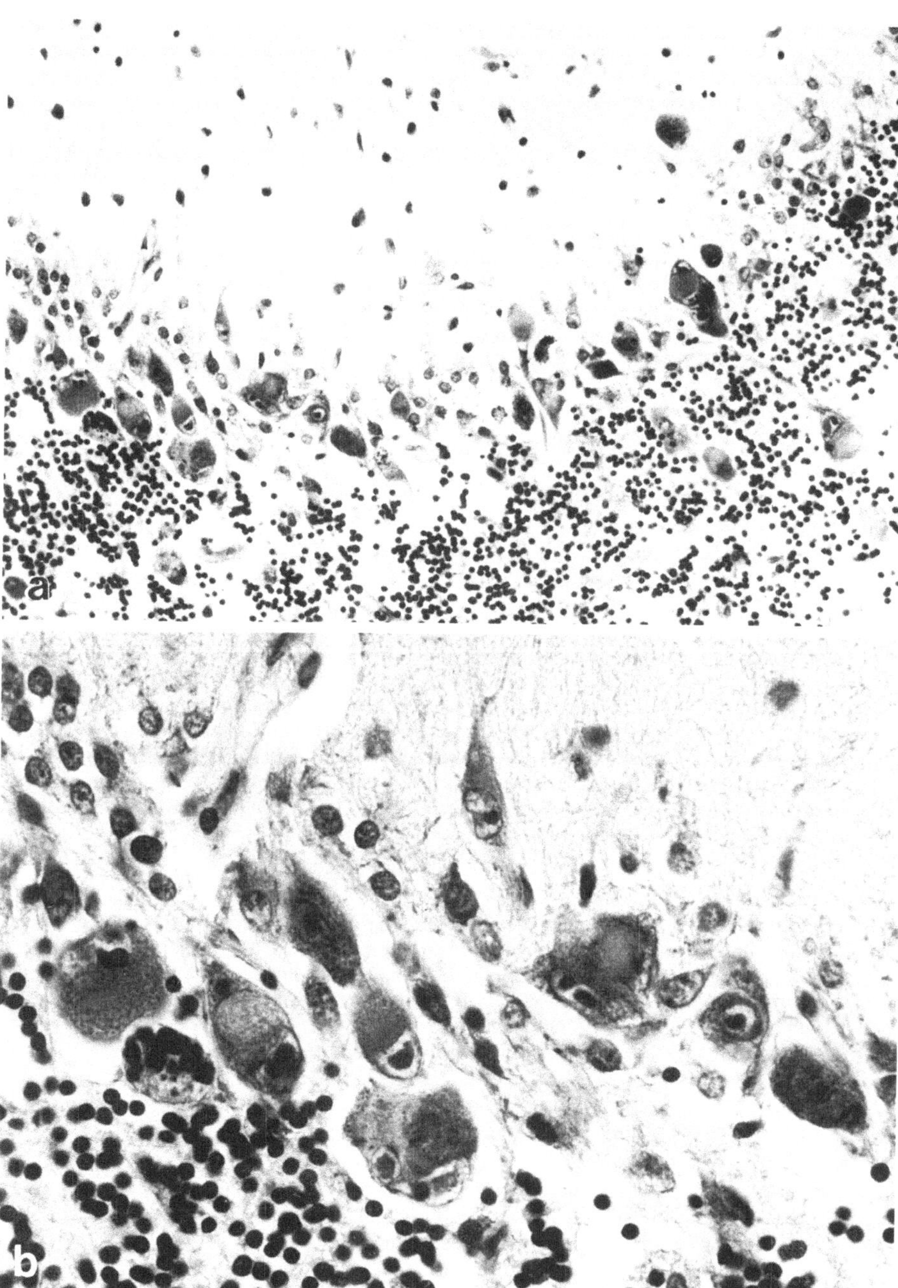

Abb. 14a, b. Fall 22 (NI 6374/86). Kleinhirnherd. (a) Pseudolaminäre Ausbreitung von zytomegalen Zellen. (b) Ausschnitt aus (a); Zellen mit Zytomegalie-Kerneinschlüssen (sog. Eulenaugenzellen); Kresylviolett, × 98

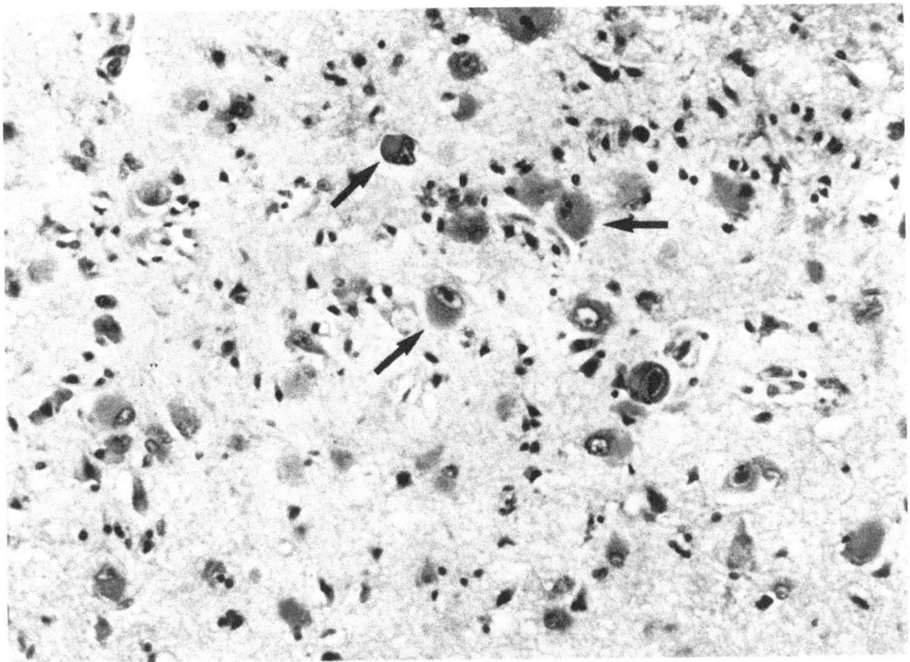

Abb. 15. Fall 22 (NI 6374/86). Großhirnrindenherd. Zytomegale Zellen sind GFAP (saures Gliafaserprotein) positiv (→), also Astrozyten; GFAP-Hämalaun, × 194

Fall 23 (6380/86), 21jährig, m.
Klinik: Hepatitis-B-Infektion. Keine neurologische Symptomatik.
Autopsie: AIDS. Malignes Lymphom.
Hirnbefund: Makroskopisch unauffällig.
Histologie: Fleckförmige Meningealfibrose, wenige Gliaknötchen in der Großhirnrinde, geringe lymphozytäre Gefäßwandinfiltrate im Marklager. Sonst histologisch keine pathologischen Veränderungen.
Diagnose: Geringe Anzeichen einer HIV-Enzephalitis. Keine opportunistischen Infektionen.

Fall 24 (6387/86), 26jährig, m. (Abb. 16)
Klinik: Kopfschmerzen, Grand-mal-Anfälle. Im CT großer Herd links temporo-parietal, innere Kapsel, Thalamus, im Zentrum speichernd toxoplasmose-verdächtig, unter Behandlung gebessert. Isolierter weiterer Herd in Brücke und Substantia nigra. Gerinnungsstörung mit Thrombopenie zwingt zur Beendigung der Anti-Toxoplasmose-Therapie. Soor. Terminal Aspergillose. Ateminsuffizienz.
Autopsie: Erworbenes Immundefektsyndrom (AIDS). Herpes analis.
Hirnbefund: Makroskopisch Trübung und Verdickung der weichen Häute. Multiple hämorrhagische Herde fronto-parietal links, frontal rechts, im Striatum beiderseits, links mit Einbeziehung der inneren Kapsel, im Thalamus rechts, Mittelhirn links, Substantia nigra links, okzipital links, im Kleinhirn. Außerdem kleine Massenblutung im Kleinhirnmarklager.
Histologie: Sämtliche hämorrhagische Herde sind von Aspergillus-Hyphen durchsetzt. Der nach den CT-Befunden zwei Wochen ante finem li. zentro-parietal, im Striatum und innerer Kapsel gelegene Toxoplasmoseherd bietet histologisch das gleiche Bild wie die Aspergilloseherde. Pseudozysten sind nachweisbar.
Diagnose: Behandelter Toxoplasmoseherd links zentroparietal und Striatum. Herdförmige hämorrhagische Aspergillose in Groß- und Kleinhirn. Kein Hinweis auf eine HIV-Enzephalitis.

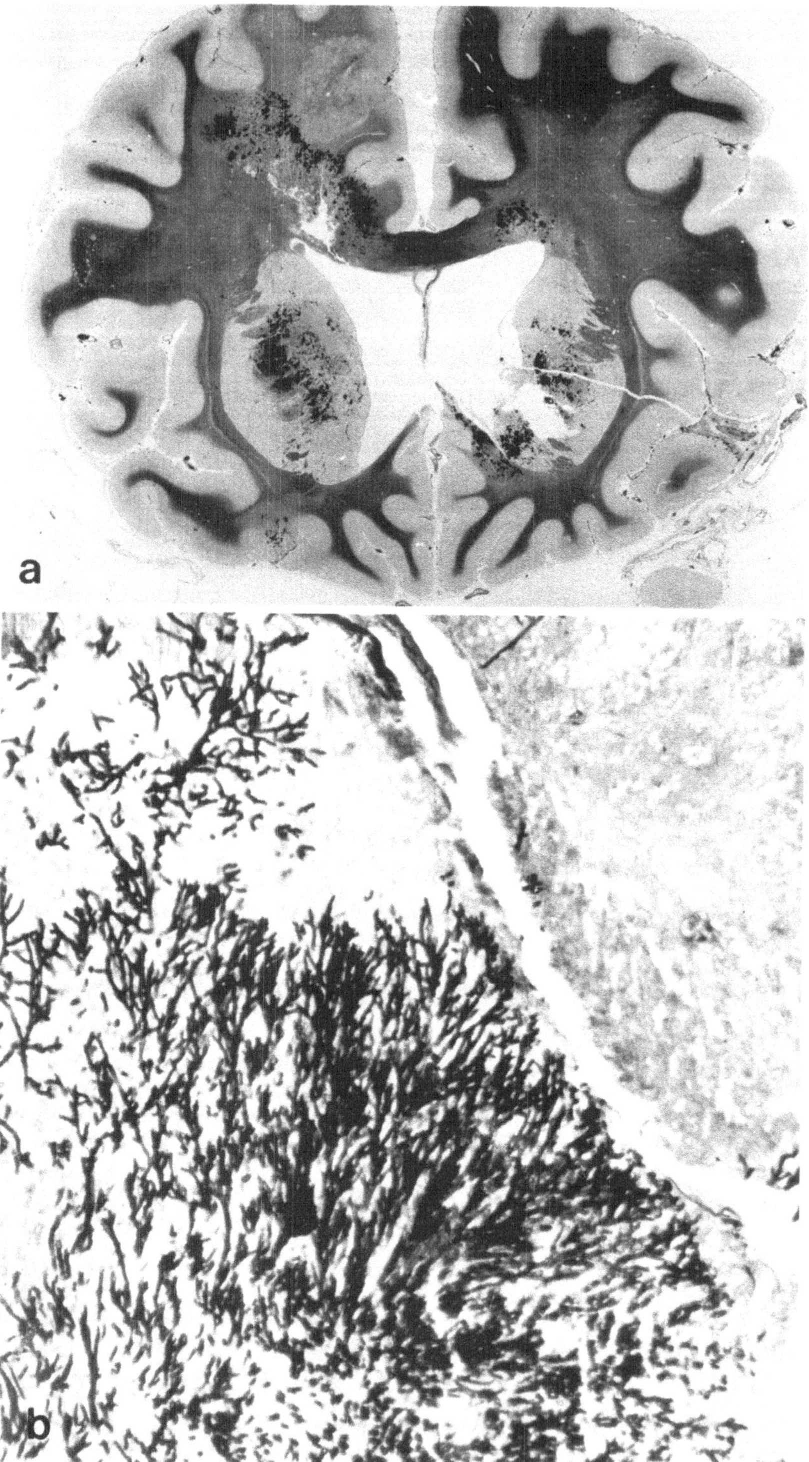
a
b

Fall 25 (6391/86), 39jährig, m. (Abb. 17)
Klinik: Lange Krankheitsdauer. Kopfschmerzen, Verdacht auf subakute Enzephalitis. Progressives organisches Psychosyndrom. Im CT Hirnatrophie; Inselzisterne und 3. Ventrikel erweitert. Keine herdförmigen Veränderungen bis 1 Monat vor dem Tod. Soorösophagitis.
Autopsie: Nur Hirnsektion.
Hirnbefund: Makroskopisch Meningealfibrose, mehrere hämorrhagische Herde.
Histologie: Granulomatöse Toxoplasmose-Enzephalitis mit multiplen Pseudozysten; herdförmige Akzentuierung frontal links, Pallidum bds., okzipital rechts, Kleinhirn links.
Auffälligkeit: Eine makroskopisch unauffällige Hirnwindung (frontal 1 links) zeigte histologisch ein Mikrogliaknötchen mit 4 Pseudozysten.

Fall 26 (6402/86), 47jährig, m.
Klinik: Verdacht auf subakute Enzephalitis. Progredientes organisches Psychosyndrom. Im CT schwere Hirnatrophie. CMV-Retinitis.
Autopsie: Infektion von Speicheldrüsen und Kolon. Myokarditis.
Hirnbefund: Leicht vergröbertes Windungsrelief. Auf den Frontalschnitten petechiale Blutungen im Marklager links, in Balken, Mittelhirn und Medulla oblongata. Ventrikelwand des linken Vorderhorns schmierig belegt. Auffällig geringe Pigmentierung der Substantia nigra.
Histologie: Diffuses und herdförmiges malignes Lymphom (Immunozytom vom pleomorphen Subtyp) ausgedehnt subependymal um beide Seitenventrikel, im Septum pellucidum, Balken, Putamen rechts (großer Herd), Ammonshorn rechts, Substantia nigra, Medulla oblongata, Halsmark (ausgedehnte Herde), im Kleinhirn und kortikal temporalpolnahe und in F_1 rechts (d.h. in nahezu allen bisher untersuchten Regionen). Einzelne Gliaknötchen in F_2 links und im tiefen Mark, Ammonshorn und Mittelhirn.
Diagnose: Subakute HIV-Enzephalitis. Ausgedehnte multiple maligne Lymphome.

Fall 27 (6403/86), 36jährig, m.
Klinik: Verdacht auf subakute Enzephalitis. Progredientes organisches Psychosyndrom. Im CT Rindenatrophie. Verdacht auf malignes Lymphom. Verdacht auf Tuberkulose. Jackson-Anfälle.
Autopsie: Mycobakterielle Histiozytose. Zustand nach Pneumocystis-carinii-Pneumonie bei erworbenem Immundefektsyndrom (AIDS). Hodenatrophie.
Hirnbefund: Makroskopisch leichte Hirnatrophie. Geringe Erweiterung des Ventrikelsystems. Deutliche Trübung der weichen Häute. Hyperämie der Marksubstanz parietal. Frische subdurale Blutung beiderseits.
Histologie: Leichte Meningealfibrose. Gliaknötchen im Ammonshorn, Mittelhirn, Medulla oblongata und in der grauen Substanz des Zervikalmarks. Ependymitis granularis. Einzelne mehrkernige Riesenzellen im Striatum. Atypische Mycobakteriose im Großhirnmark mit fleckförmigen Nekrosen.
Diagnose: Subakute HIV-Enzephalitis. Frisches doppelseitiges subdurales Hämatom. Leichte Hirnatrophie.

Fall 28 (NI 6390/86), 48jährig, m.
Klinik: Lymphadenopathie-Syndrom. Posthepatitische Leberzirrhose. Niereninsuffizienz mit Eiweißmangelsyndrom.
Autopsie: Lymphadenopathie-Syndrom bei HIV-Infektion. Postnekrotische Leberzirrhose. Abszedierende Pyelonephritis. Interstitielle Rundzelleninfiltration in multiplen Organen.
Hirnbefund: Trübung und Verdickung der weichen Häute frontal und parietal beiderseits. Purpura cerebri.
Histologie: Generalisierte, leichte lymphozytäre Meningoenzephalitis bei Lymphadenopathiesyndrom; kleinere frische Massenblutungen in der Capsula interna, den Crura cerebri beidseits, den Brückenarmen.
Diagnose: HIV-Meningoenzephalitis. Purpura cerebri.

Abb. 16a, b. Fall 24 (NI 6387/86). (a) Metastatische hämorrhagische Aspergillose des Groß- und Kleinhirns. Multiple Herde in Marksubstanz und Striatum, perifokales Marködem. Im Marklager der 1. Stirnwindung rundliche wolkige Herdbildung (Toxoplasmosegranulom nach Behandlung). (b) Aspergilloseherd parietal rechts. Pilzhyphen in nekrotischem Gewebe; Grocott

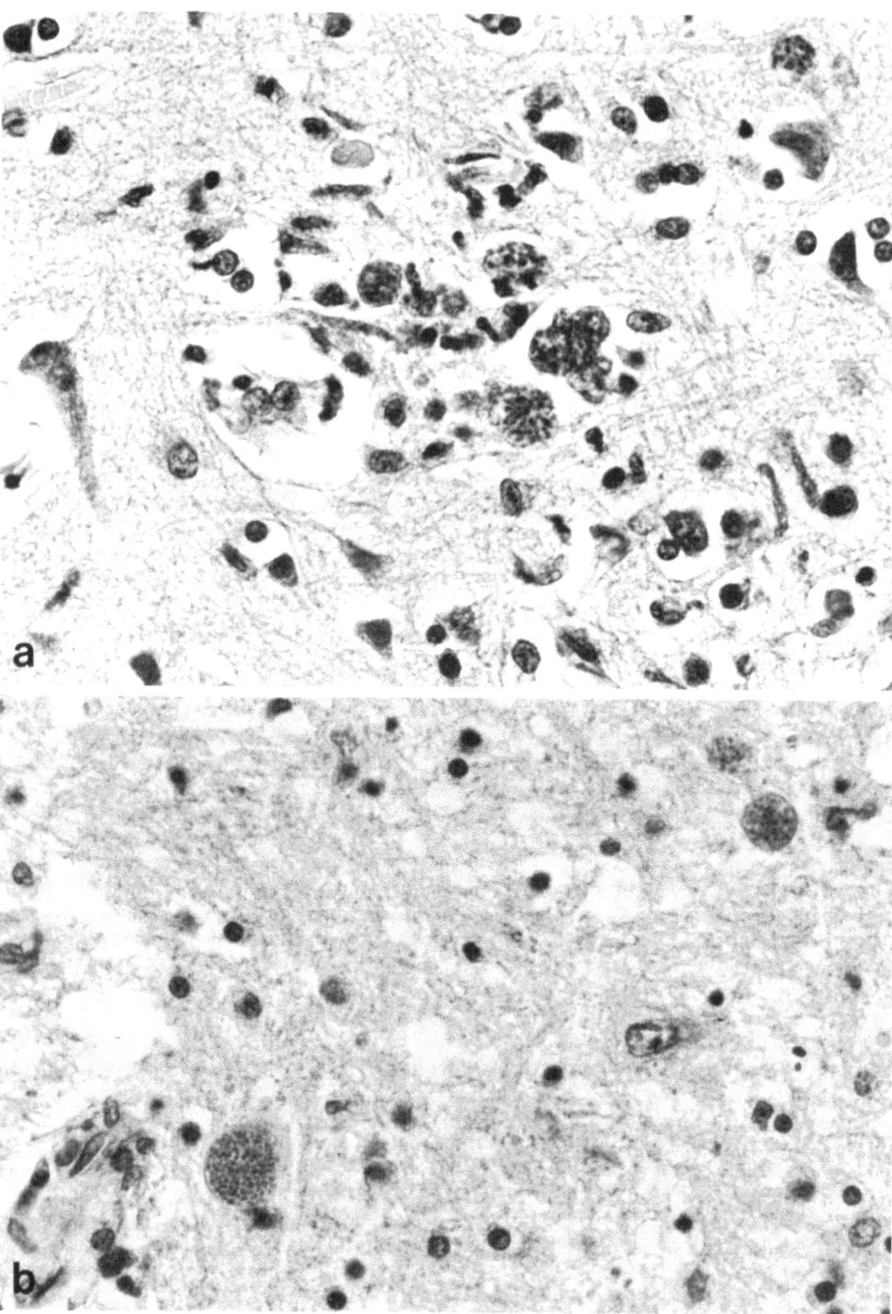

Abb. 17a, b. Fall 25 (NI 6391/86). (a) Gliaknötchen mit mehreren Pseudozysten in der Rinde der 1. Stirnwindung links; HE. (b) Isolierte Pseudozysten im Pallidum links; HE

Diskussion

Über neuropathologische Befunde bei HIV-Infektion wurde mehrfach berichtet (Nielsen et al. 1984; Moskowitz et al. 1984; Leman et al. 1985; Anders et al. 1985, 1986; Sharer et al. 1985; Sharer u. Kapila 1985). In den 29 Fällen, über die hier berichtet wird, läßt sich häufig eine ähnliche Überlagerung von HIV-bedingten Läsionen und Schäden durch opportunistische Infektionen nachweisen, wie dies bereits bekannt ist. Jedoch fanden sich in unserem Untersuchungsgut auch 8 Fälle mit ausschließlich auf die HIV-Infektion zu beziehenden Läsionen und 5 Fälle mit Schädigung durch opportunistische Erreger ohne Hinweis für eine HIV-Infektion des Gehirns (Tabelle 1).

Zu den für die HIV-Infektion charakteristischen Läsionen rechnen wir 1) Gliaknötchen, die meist gemischt aus Mikroglia, Astroglia und einzelnen mononukleären hämatogenen Zellen bestehen, 2) lockere lymphozytäre Infiltrate in den Leptomeningen und im Hirngewebe, dort perivaskulär, 3) mehrkernige Riesenzellen mit haufenförmiger oder ringförmiger Anordnung der Zellkerne, 4) eine Ependymitis granularis. Das Spektrum der sog. subakuten Enzephalitis (Snider et al. 1983; Nielsen et al. 1984) umfaßt somit neben den im Hirngewebe selbst auftretenden Veränderungen in den meisten Fällen auch eine Meningitis und Ependymitis. Wir fanden mehrfach mehrkernige Riesenzellen in der Ventrikelwand zwischen den Ependymzellen.

Wie gelangt das Virus in das Zentralnervensystem? Die Frage läßt sich noch nicht eindeutig beantworten. Das Virus könnte via Endothelzellen penetrieren, wobei eine Endothelzellschädigung vorausgesetzt werden kann. Virusrezeptoren sind am Gefäßendothel bisher nicht gefunden worden. Auch eine Infektion über die Plexus chorioidei und den Liquor ist denkbar. Auch hierfür fehlen Beweise. Immerhin läßt die Ausbreitung der HIV-Enzephalitis an eine liquorogene Infektion denken. Ein weiterer möglicher Infektionsmodus sind einwandernde infizierte Makrophagen, da sich ein Teil der Makrophagen im Gehirn aus hämatogenen Makrophagen rekrutiert (Oehmichen 1982; Fujita u. Kitamura 1976). Bekannt ist, daß Monozyten, Makrophagen und andere akzessorische Zellen des Immunsystems durch HIV infiziert werden (Montagnier et al. 1984; Müller et al. 1985, 1986) und daß Virusreplikation in ihnen erfolgt (Armstrong et al. 1985; Gyorkey et al. 1985). Dabei tolerieren Monozyten und Makrophagen das Virus und bleiben zunächst noch funktionell aktiv. In der Spätphase der Erkrankung kann es allerdings zu einem nahezu vollständigen Erliegen der Makrophagenfunktion kommen, wie es sich in Fällen von finaler atypischer mykobakterieller Histiozytose dokumentiert (Schmidts et al. 1984, 1986).

Bei entzündlicher oder traumatischer Schädigung des ZNS wandern vermehrt Makrophagen aus dem Blut in das ZNS ein (Konigsmark u. Sidman 1963) und stellen sich dort meist in Form von Gitterzellen, aber auch als mikrogliöse Elemente (sog. aktivierte Mikroglia) dar. Es ist durchaus denkbar, daß bei einer Virämie zirkulierende HIV-infizierte Makrophagen über die (geschädigte?) Blut-Hirn-Schranke oder über die Plexus chorioidei und den Liquor Gehirn und Rückenmark infizieren. Die für die HIV-Infektion des Gehirns typischen mehrkernigen Riesenzellen (Budka 1986), in denen das Virus auch elektronenmikroskopisch nachgewiesen wurde (Sharer et al. 1985; Koenig et al. 1986), sind vermutlich das Ergebnis der Fusion derartiger

Tabelle 1. Übersicht über die HIV-bedingten und die opportunistischen Läsionen im Gehirn

Fall Nr.	NI-Nr.	Alter	Ge-schl.	HIV	Tox	CMV	Asp	Kryp	PML	ML
1	6198/85	35 J.	m	×		×				
2	6203/85	28 J.	m	×						
3	6204/85	45 J.	m	×	×					
4	6240/85	34 J.	m	×	×	×				
5	6247/85	31 J.	w	×			×			
6	6255/85	36 J.	m	×						
7	6258/85	33 J.	m		×					
8	6280/85	37 J.	m							
9	6290/85	35 J.	m		×					
10	6293/85	42 J.	w	×						
11	6294/85	44 J.	m							
12	6301/86	25 J.	w	×				×		
13	6310/86	26 J.	m							
14	6313/86	34 J.	m	×	×	×	×			×
15	6315/86	39 J.	m							
16	6317/86	55 J.	m	×		×				×
17	6334/86	60 J.	m					×		
18	6340/86	40 J.	m	×						
19	6350/86	65 J.	m	×	×				×	
20	6353/86	55 J.	m	×						
21	6372/86	42 J.	m	×						
22	6374/86	42 J.	m	×		×				
23	6380/86	21 J.	m	×						
24	6387/86	26 J.	m		×		×			
25	6391/86	39 J.	m		×					
26	6402/86	47 J.	m							
27	6403/86	36 J.	m	×						
28	6390/86	48 J.	m							

Abkürzungen: HIV = human immuno-deficiency virus, Tox = Toxoplasmose, CMV = Zytomegalievirus, Asp = Aspergillose, Kryp = Kryptokokkose, PML = progressive multifokale Leukoenzephalopathie, ML = malignes Lymphom

infizierter Makrophagen. Auch bei einer Reihe anderer erregerbedingter Erkrankungen entstehen mehrkernige Riesenzellen durch Fusion von Monozyten oder Makrophagen (Constantinides 1984). Da inzwischen die mesenchymale Herkunft der mehrkernigen Riesenzellen im Gehirn bei HIV-Infektion gesichert ist (Budka 1986; Dickson 1986), ist in ihrer Bildung ein weiterer Hinweis für die Infektion des ZNS durch immigrierende infizierte hämatogene Makrophagen zu sehen. Es muß betont werden, daß diese monozytogenen Riesenzellen nicht identisch sind mit den in vitro aus infizierten T-Lymphozyten entstehenden ähnlichen Zellen (Popovic et al. 1984;

Lifson et al. 1986), die als zytopathogener Effekt bei HIV-Infektion bekannt sind und die nach ihrer Bildung rasch zugrunde gehen.

Es ist nicht bekannt, aber auch nicht auszuschließen, daß das Virus im Gehirn auch außerhalb der Riesenzellen anwesend ist. Die Tatsache, daß im HIV-infizierten Gehirn verbreitet Virus-DNS nachzuweisen ist (Shaw et al. 1984, 1985), deutet darauf hin, daß die Riesenzellen, die meist isoliert und in geringer Zahl auftreten, nicht alleiniger Ort der Viruspräsenz sind.

Eine auf die HIV-Infektion zu beziehende progressive diffuse Leukoenzephalopathie (Kleihues et al. 1985) war in keinem unserer Fälle zu beobachten. Fleckförmige Entmarkungen in den Stirnlappen im Falle 19 erwiesen sich als progressive multifokale Leukoenzephalopathie mit den für eine Papovavirus-Infektion typischen Kerneinschlüssen in den Oligodendrozyten. Auch hier fanden sich mehrkernige Riesenzellen in den Entmarkungsbezirken, möglicherweise als Zeichen der Interferenz mit einer HIV-Infektion, da Riesenzellen bei der PML gewöhnlich nicht vorkommen. In 2 weiteren Fällen waren fleckförmige Entmarkungen auf eine Toxoplasmose- oder Zytomegalie-Infektion zu beziehen.

Weitere, vermutlich durch die HIV-Infektion ausgelöste Läsionen sind die vakuoläre Myelopathie (Petito et al. 1985) mit ausgedehnten spongiformen Veränderungen der langen Bahnen im Rückenmark, die wir in einem Fall fanden. Anhaltspunkte für eine periphere Neuropathie lagen in 2 Fällen vor, in einem Fall mit disseminiertem Nervenfaserausfall und mukoider Einlagerung in das erweiterte Perineurium, im anderen Fall unter dem Bild einer sog. Zwiebelschalenneuropathie (Möbius et al., dieser Band). Weder die vakuolären Veränderungen im Rückenmark noch die Läsionen in den peripheren Nerven gingen mit entzündlichen Veränderungen einher oder zeigten Abräumvorgänge, mit Ausnahme einzelner Gitterzellen im Rückenmark. Es ist daher peripher ein langsam fortschreitender Prozeß einer idiopathischen Polyneuritis unbekannter Ätiologie (Scheid 1983) anzunehmen. Eine granulomatöse, nekrotisierende Angiitis (Epstein et al. 1985) haben wir nicht gesehen.

Schwierig ist die Identifizierung HIV-verdächtiger Läsionen, wenn zugleich opportunistische Infektionen vorliegen (Tabelle 1). Wir haben häufig inmitten von Gliaknötchen Toxoplasmose-Pseudozysten oder Zytomegalie-Kerneinschlüsse gesehen. Daher können Gliaknötchen, Meningitis und Ependymitis auch als Reaktion auf diese Erreger auftreten. In den Fällen mit Toxoplasmose-Infektion bot sich das Bild einer metastatischen granulomatösen Herdenzephalitis (Förtsch u. Dvořáčková 1970) mit perivaskulär betonter Gliavermehrung und mononukleären Infiltraten, in denen stets intensiv PAS-positive Makrophagen enthalten sind. Auch ohne Nachweis von Pseudozysten ist damit die Abgrenzung von HIV-bedingten Läsionen möglich. In vier derartigen Fällen fielen in den Toxoplasmose-Granulomen, die sich unter der Behandlung verkleinert hatten, Massen von Hirnmakrophagen auf, die neben Lipidtropfen reichlich autofluoreszierende Pigmentkörper (lysosomale Residualkörper) mit irregulärer Ultrastruktur enthielten. Derartige Pigmente können zwar auch in Makrophagen bei anämischen Infarkten vorkommen, jedoch nicht in derartiger Menge. Möglicherweise liegt in den Makrophagen bei HIV-Infektion eine Abbauhemmung vor.

Auffällig ist in unserem Kollektiv die Häufung von Toxoplasmose-Infektionen des Gehirns, die 8mal auftrat, CMV-Infektionen wurden 5mal gesehen. Pilzinfektionen waren relativ selten, wir fanden 3mal eine Aspergillose und 2mal eine Krypto-

Tabelle 2. Vergleich der opportunistischen Prozesse im Gehirn und anderen Körperorganen

Fall Nr.	NI-Nr.	Pathologische Anatomie	
		Körperorgane	Gehirn
1	6198/85	CMV, Tox, Herpes	CMV
2	6203/85	PCP	
3	6204/85	KS	Tox
4	6240/85	CMV	CMV, Tox
5	6247/85	KS	Asp
6	6255/85	PCP	
7	6258/85	CMV	Tox
8	6280/85		
9	6290/85	CMV, PCP, KS	Tox
10	6293/85		
11	6294/85	PCP	
12	6301/86	Kryp, KS, Akt	Kryp
13	6310/86		
14	6313/86	CMV, Asp	CMV, Tox, Asp, ML
15	6315/86	PCP, Candida	
16	6317/86	CMV, KS	CMV, ML
17	6334/86		Kryp
18	6340/86	KS, CMV	
19	6350/86	PCP, Asp	Tox, PML
20	6353/86	PCP, Asp	
21	6372/86	PCP	
22	6374/86	CMV, KS	CMV
23	6380/86	ML	
24	6387/86	Asp	Asp, Tox
25	6391/86	Candida	Tox
26	6402/86	CMV	ML
27	6403/86	PCP, Mycobakteriose, CMV	Mycobakteriose
28	6390/86	Keine opp. Inf.	

Abkürzungen: Akt = Aktinomykose, Asp = Aspergillose, CMV = Zytomegalievirus, HIV = human immuno-deficiency virus, Kryp = Kryptokokkose, KS = Kaposi-Sarkom, ML = malignes Lymphom, PCP = Pneumocystis-carinii-Pneumonie, PML = progressive multifokale Leukoenzephalopathie, Tox = Toxoplasmose

kokkose. Einmal trat eine atypische Mycobakteriose auf. Andere opportunistische Infektionen waren am Nervensystem nicht nachweisbar. Unklar bleibt, warum z.B. eine Herpes-simplex-Enzephalitis nicht auftrat. Der Vergleich mit der Beteiligung anderer Organe in den gleichen Fällen (Falk et al. 1986) zeigt erhebliche Diskrepanzen (Tabelle 2).

In Fall 24 mit einem großen Toxoplasmoseherd im zentralen Mark und Stammganglienbereich mußte die Behandlung wegen einer schweren Thrombopenie abgebrochen werden. Innerhalb von 2 Wochen traten danach multiple Aspergilloseherde

Tabelle 3. Vergleich klinischer, radiologischer und anatomischer Befunde bei HIV-Infektion des Gehirns

Fall Nr.	NI-Nr.	Subakute Enze-phalitis	Progr. organ. Psycho-syndrom	Radiol. Hirnatr.	Makros. Hirnatr.	Hist. HIV
1	6198/85	×	×			×
2	6203/85	×				×
3	6204/85	×	×		×	×
4	6240/85	(×)	(×)	×	(×)	×
5	6247/85	×	×	×	×	×
6	6255/85				(×)	×
8	6280/85					×
9	6290/85	×	×			
10	6293/85	×	×		(×)	×
12	6301/86			×	(×)	×
14	6313/86			×	(×)	×
16	6317/86	×	×	×	(×)	×
18	6340/86	×	×	(×)		×
19	6350/86	×	×	(×)	(×)	×
20	6353/86	××	×	×		×
21	6372/86					×
22	6374/86	×		×		×
23	6380/86					×
25	6391/86	×	×	×		
26	6402/86	×	×	××		×
27	6403/86	×	×	×	(×)	×

Abkürzungen: Progr. organ. = progredientes organisches Psychosyndrom, Radiol. Hirnatr. = radiologisch (im Computertomogramm) äußere und/oder innere Hirnatrophie, Makros. Hirnatr. = makroskopisch bei der Hirnsektion Hirnatrophie, Hist. HIV = histologisch Hinweise auf eine HIV-Infektion des Gehirns

im Gehirn auf, die auch den ursprünglichen noch Erreger enthaltenden Toxoplasmoseherd durchsetzten und sämtlich hämorrhagisch waren.

Primär zerebrale maligne Lymphome fanden wir in 3 Fällen, Metastasen des häufig vorliegenden Kaposi-Sarkoms in keinem Fall.

Noch völlig unklar sind die Beziehungen zwischen 1) dem klinisch häufig beobachteten Syndrom einer subakuten Enzephalitis mit Kopfschmerzen, ataktischen Störungen, allgemeiner Verlangsamung im EEG und einem organischen Psychosyndrom, 2) den computertomographisch in manchen derartigen Fällen nachweisbaren fleckförmigen Dichteminderungen im subkortikalen, teilweise auch tiefen Marklager des Großhirns und 3) den neuropathologischen, auf eine HIV-Infektion hinweisenden Gewebsveränderungen (sog. subakute Enzephalitis bzw. Meningoenzephalitis). Konstante Beziehungen konnten wir nicht finden (Tabelle 3).

Ebenso schwierig zu beurteilen ist gegenwärtig noch die Korrelation der 1) in vielen Fällen computertomographisch nachweisbaren äußeren, oft auch inneren Hirnatrophie, 2) der makroskopisch am Gehirn gelegentlich zu beobachtenden Verbreiterung der Furchen zwischen den Windungen und/oder Ventrikelerweiterung als Zeichen einer Volumenminderung und 3) der nicht selten evidenten, vor allem in den letzten Lebensmonaten zunehmenden organischen Demenz (sog. AIDS-related dementia complex). Histologisch lassen sich an der Großhirnrinde auch bei makroskopisch sichtbarer Hirnatrophie keine eindeutigen pathologischen Veränderungen erkennen; weder ein Nervenzellausfall noch eine Gliavermehrung sind nachweisbar. Quantitative Daten liegen bisher nicht vor.

Eine weitere Frage ist, ob das Syndrom der sog. subakuten Enzephalitis die Voraussetzung für die spätere Hirnatrophie und die Demenz ist, wie Nielsen et al. (1984) und Carne u. Adler (1986) glauben, oder ob die beiden Prozesse unabhängig voneinander verlaufen. Im ersteren Falle wäre der Vorgang vergleichbar mit der schweren organischen Demenz bei progressiver Paralyse nach Luesinfektion des Gehirns. In Gliazellen und Nervenzellen wurden bisher bei HIV-Infektion Viruskörper nicht nachgewiesen, auch eine Vermehrung des Virus in diesen Zellen gelang nicht. Es ist daher denkbar, daß die radiologisch und makroskopisch am Gehirn erkennbare Rindenatrophie eine sekundäre Wirkung der HIV-Infektion ist. Die Pathogenese ist noch ganz unbekannt. Die Untersuchung atrophischer Rinden- und Markbezirke mit der In-situ-Hybridisierung zum Nachweis von Virus-RNS im Schnittpräparat wird zur Klärung dieser Frage beitragen können.

Zusammenfassung

Neuropathologische Untersuchungen in 28 Fällen von AIDS („acquired immunodeficiency syndrome") oder LAS (Lymphadenopathie-Syndrom) aus dem Frankfurter Raum ergaben in 20 Fällen Hinweise für eine Affektion des Gehirns mit dem „human immunodeficiency virus" (HIV). Als solche wurden gewertet: lymphozytäre Meningeoenzephalitis, Gliaknötchen, mehrkernige Riesenzellen, Ependymitis granularis und vakuoläre Myelopathie. Diese Hirnveränderungen korrelierten weitgehend mit dem klinischen Bild einer sog. subakuten HIV-Enzephalitis. Opportunistische Infektionen wurden in 15 Fällen am Gehirn nachgewiesen, im einzelnen: Toxoplasmose in 8 Fällen, Zytomegalievirus-Infektion in 5 Fällen, Kryptokokkose in 2 Fällen, Aspergillose in 3 Fällen. Die Beziehungen zwischen dem Befall des Gehirns und dem der übrigen Organe bei den einzelnen opportunistischen Prozessen waren inkonstant. So trat in einem Fall eine Toxoplasmose im Gehirn, eine Aspergillose in den anderen Organen auf. Zytomegalievirus-Infektionen erfaßten stets sämtliche Organe, einschließlich des Gehirns. In keinem Fall fanden wir Metastasen eines Kaposi-Sarkoms im Gehirn, das in 7 Fällen in den anderen Organen vorlag. Zweimal wurden maligne Lymphome im Gehirn nachgewiesen, ohne Beteiligung der übrigen Organe, einmal eine progressive multifokale Leukoenzephalopathie.

Klinisches Bild der subakuten Enzephalitis und histologisch nachweisbare HIV-Infektionen des Gehirns korrelierten positiv. Wenn klinisch ein progredientes organisches Psychosyndrom vorgelegen hatte, konnte entweder im Computertomogramm oder makroskopisch bei der Hirnsektion eine Hirnatrophie nachgewiesen werden. Jedoch war eine im CT erfaßte Hirnatrophie nicht immer makroskopisch bei der Hirnsektion nachweisbar. In den Fällen mit computertomographisch oder makroskopisch erwiesener Hirnatrophie ließen sich histologisch in der Großhirnrinde keine sicheren degenerativen Veränderungen an den Nervenzellen und keine gliösen Reaktionen auffinden.

Literatur

Anders K, Steinsapir KD, Iverson DJ, et al (1985) Neuropathologic findings in the acquired immunodeficiency syndrome (AIDS). Clin Neuropathol 5:1–20

Anders KH, Guerra WF, Tomiyasu U, Verity MA, Vinters HV (1986) The neuropathology of AIDS. AM J Pathol 124:537–558

Armstrong JA, Dawkins RL, Horn R (1985) Retroviral infection of accessory cells and the immunological paradox in AIDS. Immunol Today 6:121–122

Budka H (1986) Multinucleated giant cells in brain: A hallmark of the acquired immune deficiency syndrome (AIDS). Acta Neuropathol (Berl) 69:253–258

Carne CA, Adler MW (1986) Neurological manifestations of human immunodeficiency virus infection. Br Med J 293:462–463

Constantinides P (1984) Ultrastructural pathobiology. Elsevier, Amsterdam New York Oxford

Dickson DW (1986) Multinucleated giant cells in acquired immunodeficiency syndrome encephalopathy. Origin from endogenous microglia? Arch Pathol Lab Med 110:967–968

Enzensberger W, Helm EB, Hopp G, Stille W, Fischer P-A (1985) Toxoplasmose-Enzephalitis bei Patienten mit AIDS. Dtsch Med Wochenschr 3:83–87

Epstein LG, Sharer LR, Joshi VV, Fojas MM, Koenigsberger MR, Oleske JM (1985) Progressive encephalopathy in children with acquired immune deficiency syndrome. Ann Neurol 17:488–496

Falk S, Müller H, Schmidts HL, Stutte HJ (1986) Morphologische Befunde bei Lymphadenopathie-Syndrom (LAS) und erworbenem Immundefektsyndrom (AIDS). Dtsch Med Wochenschr 18: 714–718

Förtsch D, Dvoráčková I (1970) Toxoplasmose-Encephalitis beim Erwachsenen. Dtsch Med Wochenschr 47:2362–2366

Fujita S, Kitamura T (1976) Origin of brain macrophages and the nature of the microglia. In: Zimmerman HM (ed) Progress in neuropathology, vol 3. Raven Press, New York

Gajdusek DC, Gibbs CJ Jr, Rodgers-Johnson P, et al (1985) Infection of chimpanzees by human T-lymphotropic retroviruses in brain and other tissues from Aids patients. Lancet I:55–56

Gyorkey F, Melnick JL, Sinkovics JG, Gyorkey P (1985) Retrovirus resembling HTLV in macrophages of patients with AIDS. Lancet I:106

Ho DD, Rota TR, Schooley RT, et al (1985) Isolation of HTLV-III from cerebrospinal fluid and neural tissues of patients with neurologic syndromes related to the acquired immunodeficiency syndrome. N Engl J Med 313:1493–1497

Kleinhues P, Lang W, Burger PC, et al (1985) Progressive diffuse leukoencephalopathy in patients with acquired immune deficiency syndrome (AIDS). Acta Neuropathol (Berl) 68:333–339

Koenig S, Gendelman HE, Orenstein JM, et al (1986) Detection of AIDS virus in macrophages in brain tissue from AIDS patients with encephalopathy. Science 233:1089–1093

Konigsmark BW, Sidman RL (1963) Origin of macrophages in the mouse. J Neuropathol Exp Neurol 22:643–676

Leman W, Cho E-S, Nielsen S, Petito C (1985) Neuropathologic (NP) findings in 104 cases of acquired immune deficiency syndrome (AIDS): An autopsy study. J Neuropathol Exp Neurol 44:349

Levy RM, Bredesen DE, Rosenblum ML (1985a) Neurological manifestations of the acquired immunodeficiency syndrome (AIDS): Experience at UCSF and review of the literature. J Neurosurg 62:475–495

Levy JA, Shimabukuro J, Hollander H, Mills J, Kaminsky L (1985b) Isolation of AIDS-associated retroviruses from cerebrospinal fluid and brain of patients with neurological symptoms. Lancet II:586–588

Lifson JD, Reyes GR, McGrath MS, Stein BS, Engleman EG (1986) AIDS retrovirus induced cytopathology: Giant cell formation and involvement of CD4 antigen. Science 232:1123–1127

Montagnier L, Gruest J, Chamaret S, et al (1984) Adaption of lymphadenopathy associated virus (LAV) to replication in EBV-transformed B lymphoblastoid cell lines. Science 225:63–66

Moskowitz LB, Hensley GT, Chan JC, Gregorios J, Conley FK (1984) The neuropathology of acquired immune deficiency syndrome. Arch Pathol Lab Med 108:867–872

Müller H, Falk S, Schmidts HL, Stutte HJ (1985) Lymphknotenveränderungen beim Lymphadenopathiesyndrom (LAS) und beim erworbenen Immundefektsyndrom (AIDS). Verh Dtsch Ges Pathol 69:643

Müller H, Falk S, Stutte HJ (1986) Accessory cells as primary target of human immunodeficiency virus (HIV) infection. J Clin Pathol 39:1161

Nielsen SL, Petito CK, Urmacher CD, Posner JB (1984) Subacute encephalitis in acquired immune deficiency syndrome: A postmortem study. Am J Clin Pathol 82:678–682

Oehmichen M (1982) Functional properties of microglia. In: Smith WT, Cavanagh JB (eds) Recent advances in neuropathology, vol 2. Churchill Livingstone, Edinburgh, pp 83–107

Petito CK, Navia BA, Cho E-S, Jordan BD, George DC, Price RW (1985) Vacuolar myelopathy pathologically resembling subacute combined degeneration in patients with the acquired immunodeficiency syndrome. N Engl J Med 312:874–879

Popovic M, Sarngadharan MG, Read E, Gallo RC (1984) Detection, isolation, and continuous production of cytopathic retroviruses (HTLV-III) from patients with AIDS and pre-AIDS. Science 224:497–500

Scheid W, Gibbels E (1983) Lehrbuch der Neurologie. Thieme, Stuttgart New York

Schmidts HL, Müller H, Schneider M, Hübner K (1984) Veränderungen der entzündlichen Reagibilität bei AIDS. Verh Dtsch Ges Pathol 68:570

Schmidts HL, Müller H, Falk S, Schneider M, Sakuma T, Hübner K, Stutte HJ (1986) Obduktionsbefunde beim erworbenen Immundefektsyndrom (AIDS). Pathologe 7:8–21

Sharer LR, Cho E-S, Epstein LG (1985) Multinucleated giant cells and HTLV-III in AIDS encephalopathy. Hum Pathol 16:760

Sharer LR, Epstein LG, Cho E-S, Joshi VV, Meyenhofer MF, Rankin LF, Petito CK (1986) Pathologic features of AIDS encephalopathy in children. Evidence for LAV/HTLV-III infection of brain. Hum Pathol 17:271–284

Sharer LR, Kapila R (1985) Neuropathologic observations in acquired immune deficiency syndrome (AIDS). Acta Neuropathol (Berl) 66:188–198

Shaw GM, Hahn BH, Arya SK, et al (1984) Molecular characterization of human T-cell leukemia (lymphotropic) virus type III in the acquired immune deficiency syndrome. Science 226:1165–1171

Shaw GM, Harper ME, Hahn BH, et al (1985) HTLV III infection in brains of children and adults with AIDS encephalopathy. Science 227:177–182

Snider DS, Simpson DM, Nielsen S, et al (1983) Neurological complications of acquired immune deficiency syndrome: Analysis of 50 patients. Ann Neurol 14:403–418

Szuchet S, Antel J, Arnason BGW (1982) A monoclonal antibody against human T-suppressor lymphocytes binds specifically to the surface of cultured oligodendrocytes. Nature 295:66–68

Das morphologische Korrelat der HIV-Infektion des Gehirns

H. Budka

Einleitung

Bei der klinischen Manifestation der Infektion mit dem humanen Immundefizienzvirus (HIV, von manchen Gruppen noch als HTLV-III oder LAV bezeichnet), dem erworbenen Immundefizienzsyndrom AIDS oder dem Lymphadenopathiesyndrom bzw. AIDS-related complex (LAS/ARC), wurden neurologische Symptome bei 39% der Patienten beobachtet (Levy et al. 1985a). Opportunistische Infektionen des ZNS sind eine häufige Ursache für Morbidität und Mortalität von AIDS-Patienten; daneben werden psychoorganische Abbauprozesse („AIDS-Demenz-Komplex“, Navia et al. 1986a; „AIDS-Enzephalopathie“, Shaw et al. 1985; Epstein et al. 1985a) beobachtet, bei denen zunehmend ein kausaler Zusammenhang mit der HIV-Infektion diskutiert wird (jüngste Übersichten bei Johnson u. McArthur 1986 sowie bei Gressentis 1986). Auf einen möglichen ZNS-Tropismus des HIV wies eine Reihe von Befunden hin: die starke genetische und morphologische Ähnlichkeit mit enzephalitogenen Lentiviren (z.B. Visna-Maedi der Schafe, Gonda et al. 1985); der Nachweis von HIV-RNS und -DNS im Hirngewebe von Patienten mit AIDS-Enzephalopathie mittels Southern-blot-Analyse und In-situ-Hybridisierung (Shaw et al. 1985); die HIV-Isolierung aus Liquor und Hirngewebe von Patienten mit AIDS/ARC und neurologischen Symptomen (Levy et al. 1985b; Ho et al. 1985); die intrathekale Synthese von HIV-Antikörpern bei Patienten mit AIDS und neurologischen Symptomen (Resnick et al. 1985). Allerdings ist das morphologische Korrelat einer HIV-Infektion des ZNS unklar und umstritten; in einen derartigen Zusammenhang wurde eine Reihe von geweblichen Veränderungen gebracht: eine subakute (Knötchen-) Enzephalitis (Snider et al. 1983), eine vakuolisierende Myelopathie (Petito et al. 1985), eine progressive diffuse Leukoenzephalopathie (Kleihues et al. 1985), Veränderungen der Marksubstanz und subkortikaler Strukturen (Navia et al. 1986b) sowie das Auftreten charakteristischer vielkerniger Riesenzellen in regelloser Verteilung (Sharer et al. 1985) oder als multifokale Riesenzell-Enzephalitis (Budka 1986). Diese Riesenzellen wurden in Assoziation mit retrovirus-ähnlichen Partikeln beschrieben (Sharer et al. 1986) und immunozytochemisch als nichtneurale hämatogene Zellpopulation charakterisiert (Budka 1986). Andererseits versagten selbst Übersichten größerer Patientenzahlen (Anders et al. 1986) bei der Abgrenzung eines morphologischen Korrelats der HIV-Infektion des ZNS. Ein derartiges Korrelat könnte nicht nur zur Erklärung der häufigen und markanten neuropsychiatrischen Symptome bei AIDS, sondern auch zur Frage des Krankheitswertes einer möglichen HIV-Infektion des Gehirns ohne AIDS beitragen. Die Dringlichkeit eines besseren Verständnisses der Interaktion zwischen HIV und Gehirn wird auch dadurch beleuchtet, daß bereits an die Möglichkeit einer eigenständigen „slow-virus"-Hirnerkrankung durch HIV als sich selbst erhaltende Pandemie gedacht wurde (Seale 1985).

Bei systematischer neuropathologischer Bearbeitung von AIDS-Untersuchungsmaterial konnte ich charakteristische multifokaldisseminierte und diffuse Hirngewebssyndrome beobachten, die von den bisher bekannten Infektionen durch Nicht-HIV-Erreger klar abgegrenzt und unter Einbeziehung des derzeitigen Wissenstandes über die Pathogenese des HIV als gewebliches Korrelat einer eigenständigen HIV-Hirnerkrankung angesehen werden können.

Material und Methoden

Zwischen 1982 und 15. Nov. 1986 konnte vom Verfasser bei der Autopsie formolfixiertes und in Paraffin eingebettetes Hirngewebe von 23 Patienten mit HIV-Infektion histologisch untersucht werden. 22 Patienten zeigten klinisch und/oder autoptisch ein AIDS-Vollbild; ein HIV-seropositiver, aber klinisch unauffälliger Hämophiler verstarb plötzlich an einem akuten Epiduralhämatom. 11 Patienten stammten aus dem eigenen Einsendebereich im Wiener Raum; Untersuchungsmaterial von 12 weiteren Patienten wurde freundlicherweise von auswärtigen neuropathologischen Laboratorien (Dr. G. N. Budzilovich, New York; Prof. G. Gosztonyi, Berlin; Prof. K. Jellinger, Wien; Prof. P. Kleihues, Zürich; Dr. P. Pilz, Salzburg; Prof. H. P. Schmitt, Heidelberg; Prof. J. Ulrich, Basel; Prof. B. Volk, Freiburg i. Br.) zum immunhistologischen Nachweis oder Ausschluß opportunistischer Infektionen übersandt. Klinisch-pathologische Basisdaten von 7 Patienten wurden bereits in einer früheren Arbeit aufgelistet (Budka 1986), weiters liegen genauere kasuistische Beschreibungen von 3 (Kristoferitsch et al. 1985), 2 (Kleihues et al. 1985) und 1 (Wessely et al. 1985) Patienten vor. Weitere 31 aus Italien übersandte AIDS-Gehirne konnten ebenfalls neuropathologisch untersucht werden; ihre genaue Auswertung wird andernorts erfolgen (Budka et al., im Druck).

In 5 Fällen war die histologische Untersuchung auf Schnitte von einem Gewebsblock beschränkt; in den anderen Fällen wurden mehrere (meist zwischen 10 und 20) Gewebsblöcke und in den meisten Fällen auch großflächige (Doppel-)Hemisphärenscheiben untersucht. Das Rückenmark konnte nur in Einzelfällen untersucht werden. Neben den neurohistologischen Routinefärbungen (HE, Kresylviolett, Luxolblau-Kernechtrot, Heidenhain, Bodian, Kanzler, PTAH) wurden zwecks Nachweis oder Ausschluß opportunistischer Erreger mindestens zwei ausgewählte Blöcke mit folgenden Methoden gefärbt: Giemsa, PAS, Gram, Grocott, Alzianblau, Ziehl-Neelsen; sowie Immunhistologie (PAP- oder Biotinylat-Avidin-Technik, s. Budka 1986) zum Nachweis von Toxoplasma gondii, Zytomegalievirus (CMV), Papovaviren, gliofibrillärem azidischen Protein (GFAP) und „leukocyte common antigen" (CLA).

Ergebnisse

Die wesentlichen neuropathologischen Befunde sind in Tabelle 1 zusammengefaßt. Kein einziges Gehirn wies einen unauffälligen neuropathologischen Befund auf.

Entzündliche Veränderungen (einschließlich der unten beschriebenen multifokalen Riesenzell-Enzephalitis und der progressiven multifokalen Leukoenzephalopathie/PML) waren in allen Gehirnen anzutreffen.

Der eine HIV-seropositive Patient ohne klinische AIDS-Diagnose wies eine diskrete Knötchen-Enzephalitis auf; es ist zu diskutieren, ob dies nicht schon eine Manifestation des Immundefektes im Sinne eines frühen AIDS bedeuten kann.

Opportunistische Erreger waren direkt im Gewebe bei 16 Patienten (70%) durch Bildung charakteristischer Strukturen (Toxoplasmose-Pseudozysten; zytomegale Zellformen; „PML-Zellen", Budka u. Shah 1983) oder immunzytochemische Demonstration von Antigen nachweisbar. Toxoplasmen waren meist mit ausgedehnten, häufig raumfordernden und multiplen entzündlichen Nekrosen vergesellschaftet, die

Tabelle 1. Neuropathologische Befunde bei 23 HIV-Patienten (22 AIDS)

Gewebsläsion/Erreger	Patienten			
	n		%	
(Mikro-)Nekrosen und Entmarkungsherde mit direkt nachweisbaren opportunistischen Erregern	16		70	
davon Toxoplasmose		8		
CMV		6		
Papovaviren		4		
Knötchen-Enzephalitis	8		35	
davon direkter Erregernachweis in Knötchen		4		
kein direkter Erregernachweis in Knötchen		4[a]		
HIV-assoziierte Gewebssyndrome mit vielkernigen Riesenzellen	9		39	
Multifokale Riesenzell-Enzephalitis		6		26
davon ohne sonstige entzündliche oder nekrotisierende Läsionen bzw. ohne faßbare Erreger: 3				
Progressive diffuse Leukoenzephalopathie (PDL)		6		26
davon ohne sonstige entzündliche (ausgenommen multifokale Riesenzell-Enzephalitis) oder nekrotisierende Läsionen bzw. ohne faßbare Erreger: 2				
Diffuse gliale/glioneuronale Poliodystrophie	11		48	
Malignes Lymphom im Gehirn	3		13	
Sonstiges				
Spongiöse Leukoenzephalo-/Myelopathie ohne Riesenzellen	1			
Unklare Marknekrose	1			
Akutes Epiduralhämatom mit Hirnstammeinklemmung	1			

[a] Davon bei 2 Pat. direkter Erregernachweis in Nekrosen außerhalb von Knötchen; bei 1 Pat. generalisierte CMV-Infektion anderer Organe

makroskopisch häufig dem Bild eines zentral nekrotischen Hirntumors ähnelten. Zytomegale Zellen traten meist im Bereiche kleinerer Nekroseherde mit Bevorzugung periventrikulärer Hirnabschnitte auf und zeigten durchwegs einen positiven CMV-Antigen-Nachweis. Zwei Patienten verstarben mit dem Bild einer klassischen PML, einschließlich reichlich immunzytochemisch nachweisbarem Papovavirus-Antigen, insbesondere in den PML-Zellen. Pilzelemente, säurefeste Stäbchen, grampositive oder Whipple-ähnliche PAS-positive Stäbchen ließen sich in diesem Material nicht nachweisen.

Eine *Knötchen-Enzephalitis* war in variabler Intensität in 8 Gehirnen (35%) vorhanden und beschränkte sich in manchen Fällen auf das seltene Auftreten einzelner Knötchen, die überwiegend aus CLA-positiven hämatogenen Elementen, meist lymphoiden und/oder monozytären Zellen, daneben auch Stäbchenzellen und Astrozyten aufgebaut waren; häufig fanden sich perivasale Rundzellansammlungen um benachbarte Gefäße. In der Hälfte dieser Fälle ließen sich bei genauer Durchmusterung im Bereiche der Knötchen opportunistische Erreger nachweisen, und zwar entweder als CMV-Antigen-positive Zellen bzw. zytomegale Zellformen, oder als mit den sonstigen Färbungen nicht oder nur indistinkt erkennbare freie oder in kleinen Pseudozysten vorliegende Toxoplasmen. Bei 4 Patienten war ein direkter Erregernachweis in den enzephalitischen Knötchen nicht möglich; allerdings fanden sich bei 2 dieser Fälle Nekrosen mit Erregernachweis (CMV bzw. Toxoplasmen) außerhalb der Knötchen, sowie bei einem weiteren Patienten eine deutliche disseminierte CMV-Infektion anderer Organe bei der Autopsie, so daß in diesen Fällen angenommen werden muß, daß auch die Knötchen-Enzephalitis durch die jeweiligen Erreger mitverursacht wurde. Somit blieb nur ein einziger Patient (HIV-seropositiv ohne klinisches AIDS) ohne Hinweise auf einen Erreger der Knötchen-Enzephalitis, wobei aber hier angenommen werden kann, daß unsere Nachweistechniken gelegentlich eine zu geringe Sensitivität aufweisen, um alle Erreger in situ zu erfassen. Selbst bei histologischer Untersuchung vieler und großer Blöcke muß man bedenken, daß besonders bei geringer Läsionsdichte immer nur Stichproben an einer bestimmten Stelle in einem bestimmten Prozeßstadium zur Untersuchung vorliegen, wobei durchaus nicht immer alle Kriterien des Prozesses (inklusive Erreger) vorhanden sein müssen.

HIV-assoziierte Gewebssyndrome

Von den bisher beschriebenen Gewebsveränderungen ließen sich deutlich zwei Prozesse mit charakteristischem histologischen Bild abgrenzen, die jeweils vielkernige Riesenzellen als besonderes Merkmal aufwiesen und bei 9 Patienten (39%) zu beobachten waren, darunter bei 3 Patienten ohne sonstige entzündliche oder nekrotisierende Läsionen bzw. ohne faßbare Erreger (Tabelle 1).

Eine *multifokale Riesenzell-Enzephalitis* trat bei 6 Patienten (26%) auf. Es handelte sich um multiple, regellos in grauer und weißer Substanz disseminierte (ein Lieblingssitz war der Hirnstamm, vor allem der Ponsfuß) Herdchen mit sehr lockerem Aufbau aus Stäbchenzellen, Astroglia, nur mäßig reichlich hämatogenen Rundzellen, Monozyten und Makrophagen, und als markantestem Befund häufig bereits bei niedriger Vergrößerung erkennbare vielkernige Riesenzellen, meist mit dunklen Kernen (Abb. 1a). Die Herdchen lagen bevorzugt perivasal, wobei hämatogene

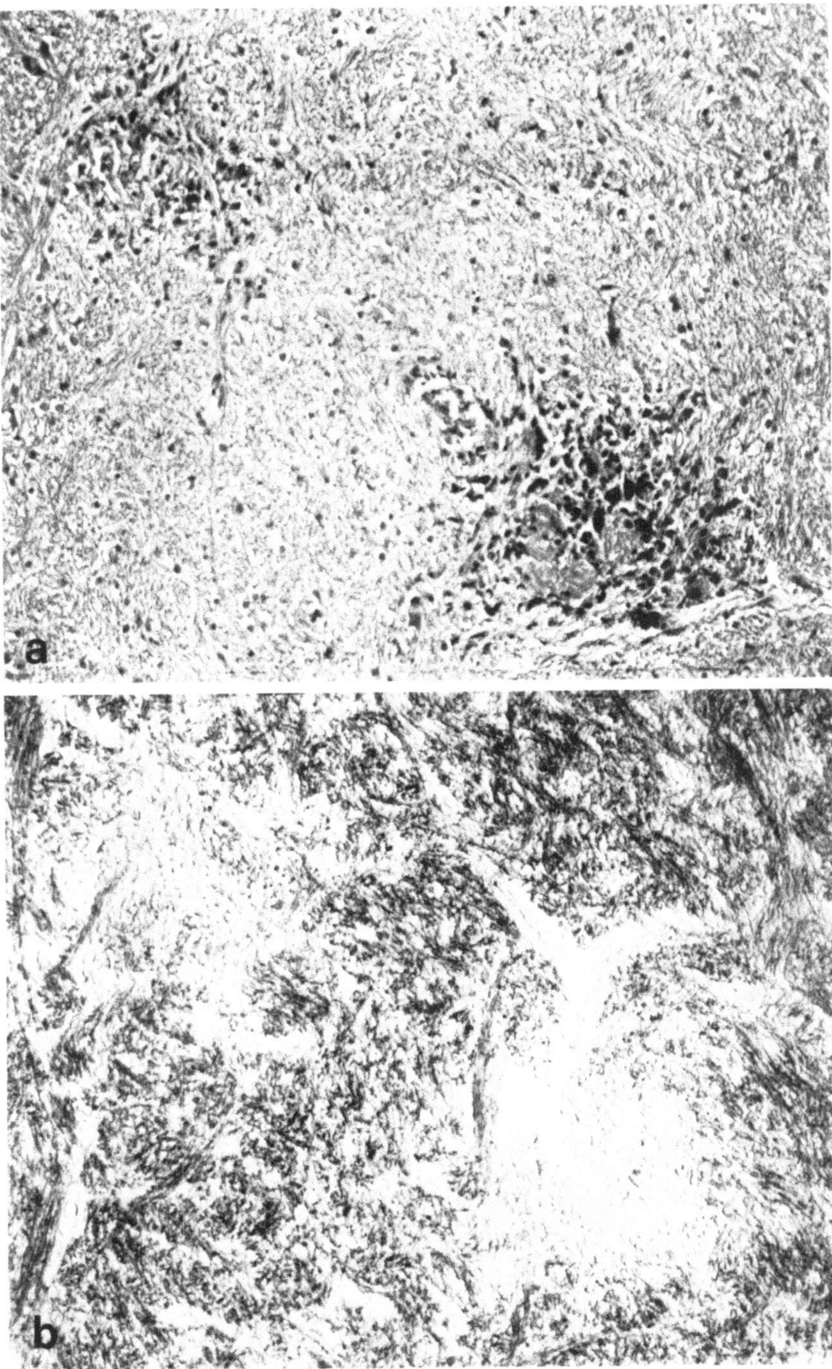

Abb. 1a, b. Multifokale Riesenzell-Enzephalitis, Pons. In den Herdchen fallen die Riesenzellen bereits bei geringer Vergrößerung durch dunkle Kernaggregate auf (a); in einem anliegenden Serienschnitt zeigt sich eine deutliche Myelinreduktion in den Herden (b). (a) Hämatoxylin-Eosin (HE), (b) Klüver-Barrera-Markscheidenfärbung, je × 160, Interferenzkontrast

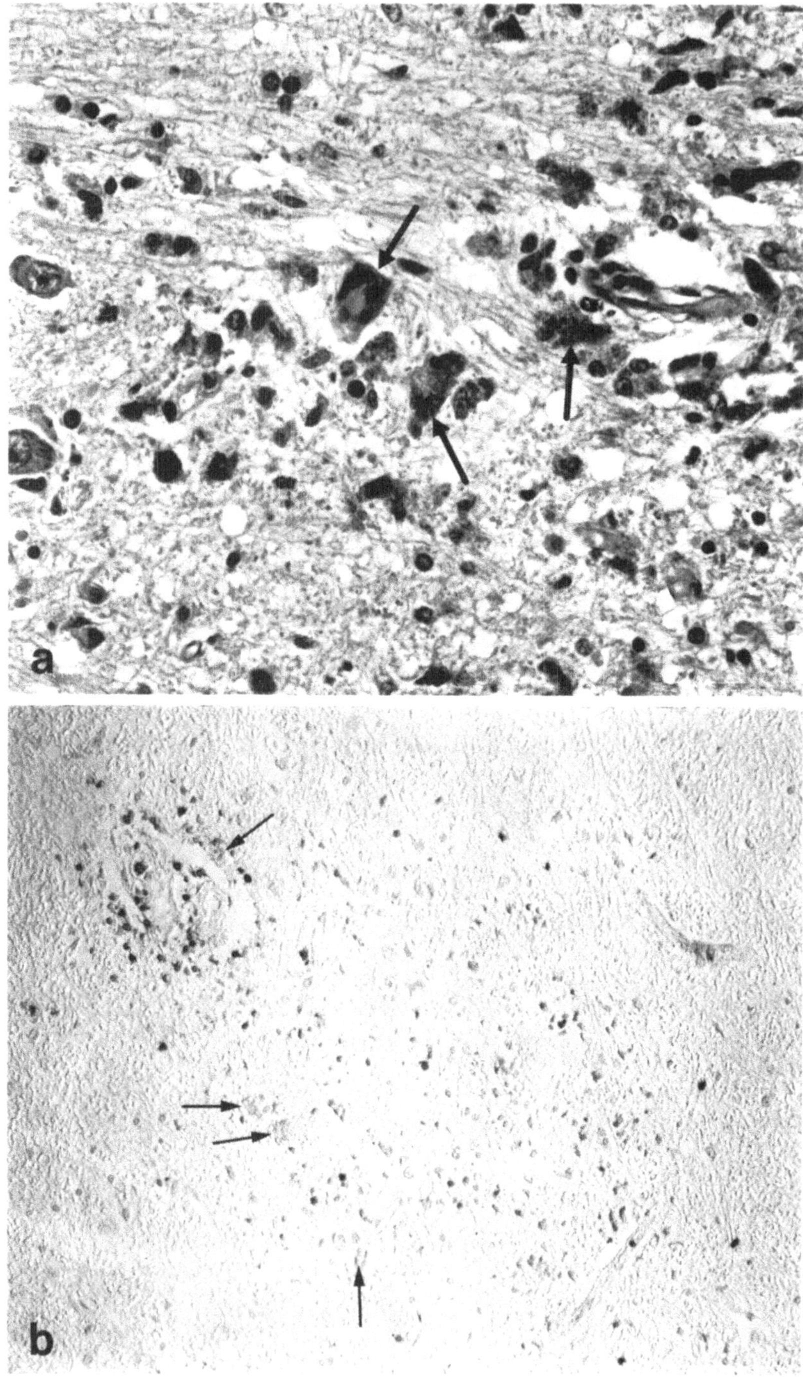
a
b

Zellformen und Riesenzellen auch in Perivasalräumen anzutreffen waren. Eine Parenchymschädigung ließ sich in variablem Ausmaß in diesen Herden erkennen: Zunächst fand sich regelmäßig eine leichte spongiöse Gewebsauflockerung teils ohne auffallende Gewebsschäden (Abb. 2a), meist war aber ein diskreter bis deutlicher Markscheidenschwund innerhalb der Herdchen (Abb. 1b, 3a) bei besser erhaltenem Axonbestand (Abb. 3b) zu erkennen. Insbesondere in Herdchen im Großhirnmark und Balken war der Entmarkungscharakter deutlich, teils auch mit perivasaler Betonung, wobei aber meist die hämatogene Infiltration relativ gering ausgeprägt schien (Abb. 2b). Die Neurone erschienen auch innerhalb derartiger kleiner Herdchen intakt. Besonders mit der immunhistologischen GFAP-Darstellung war in den Herdchen auch eine Astrogliareaktion in variabler Intensität erkennbar. In einzelnen Fällen traten insbesondere innerhalb perivasaler Herdchen kernfreie eosinophil-fibrilläre Zonen oder vereinzelt schollige mikronekrose-ähnliche Veränderungen auf, ohne daß hier irgendein Erreger nachweisbar war. Insgesamt erfüllte das histopathologische Bild mit Parenchymschädigung, Gliareaktion und Infiltration die klassischen geweblichen Kriterien einer Enzephalitis, wenngleich die Herdchen lockerer aufgebaut waren und die Infiltratzellen meist spärlicher auftraten als bei sonstigen Enzephalitisbildern, einschließlich der Knötchen-Enzephalitis.

Eine *progressive diffuse Leukoenzephalopathie (PDL)* war gleich häufig wie die multifokale Riesenzell-Enzephalitis zu beobachten. Hier war bereits bei der Übersichtsbetrachtung des markscheidengefärbten Schnittes eine deutliche diffuse Lichtung zu erkennen, wobei die tiefen Markabschnitte stärker betroffen waren als die subkortikale U-Fassung und die Windungsmarkzungen (Abb. 4a). Bei feingeweblicher Betrachtung fand sich in den gelichteten Partien eine deutliche Vermehrung großleibiger Astrogliaformen (Abb. 4c), das Auftreten von Makrophagen mit teils noch anfärbbaren Myelinresiduen, floride Faserzerfallsvorgänge in variablem Ausmaß, sowie das Auftreten von vielkernigen Riesenzellen in Perivasalräumen, aber auch zwischen einzelnen Faserzügen, gelegentlich in enger Nachbarschaft mit geschädigten Markscheiden (Abb. 4b). Die Makrophagennatur dieser Riesenzellen war durch das Auftreten phagozytierter Myelinresiduen gut erkennbar. Insgesamt war auch eine leichte spongiöse Auflockerung der geschädigten Markareale vorhanden, eine nennenswerte entzündliche Infiltration fehlte weitgehend. Allerdings fand sich in drei Gehirnen eine Kombination von PDL mit multifokaler Riesenzell-Enzephalitis, wobei diffus geschädigte Markbezirke durch Konfluenz kleinerer Riesenzellherdchen zu entstehen schienen. In einzelnen AIDS-Gehirnen war eine leichte Lichtung tiefer Markanteile ohne Gliareaktion, Makrophagen oder Riesenzellen vorhanden, was als blandes Marködem interpretiert wurde, in einem weiteren Fall bestand eine hochgradige spongiöse Marklichtung im Kleinhirnmark und Rückenmarkshinterstrang mit leichter Gliose, jedoch ohne Riesenzellen; diese Fälle wurden

◄———

Abb. 2a, b. Multifokale Riesenzell-Enzephalitis, Pons. (a) Kleines lockeres spongiöses Herdchen in Nähe eines kleinen Gefäßes *(rechts)* mit mehreren vielkernigen Riesenzellen, deren Kerne teilweise hufeisenförmig angeordnet sind *(Pfeile)*. PAS, × 400. (b) Mäßig reichlich dunkel markierte hämatogene Zellen (meist Lymphozyten) um ein kleines Gefäß *(links oben)*; weniger markierte Zellen innerhalb eines Herdchens (*Zentrum* und *unten*); die Pfeile bezeichnen nichtmarkierte Riesenzellen. Immunzytochemische Biotinylat-Avidin-Technik mit monoklonalem Antikörper gegen „common leukocyte antigen." Zarte Gegenfärbung mit Hämalaun, × 160, Interferenzkontrast

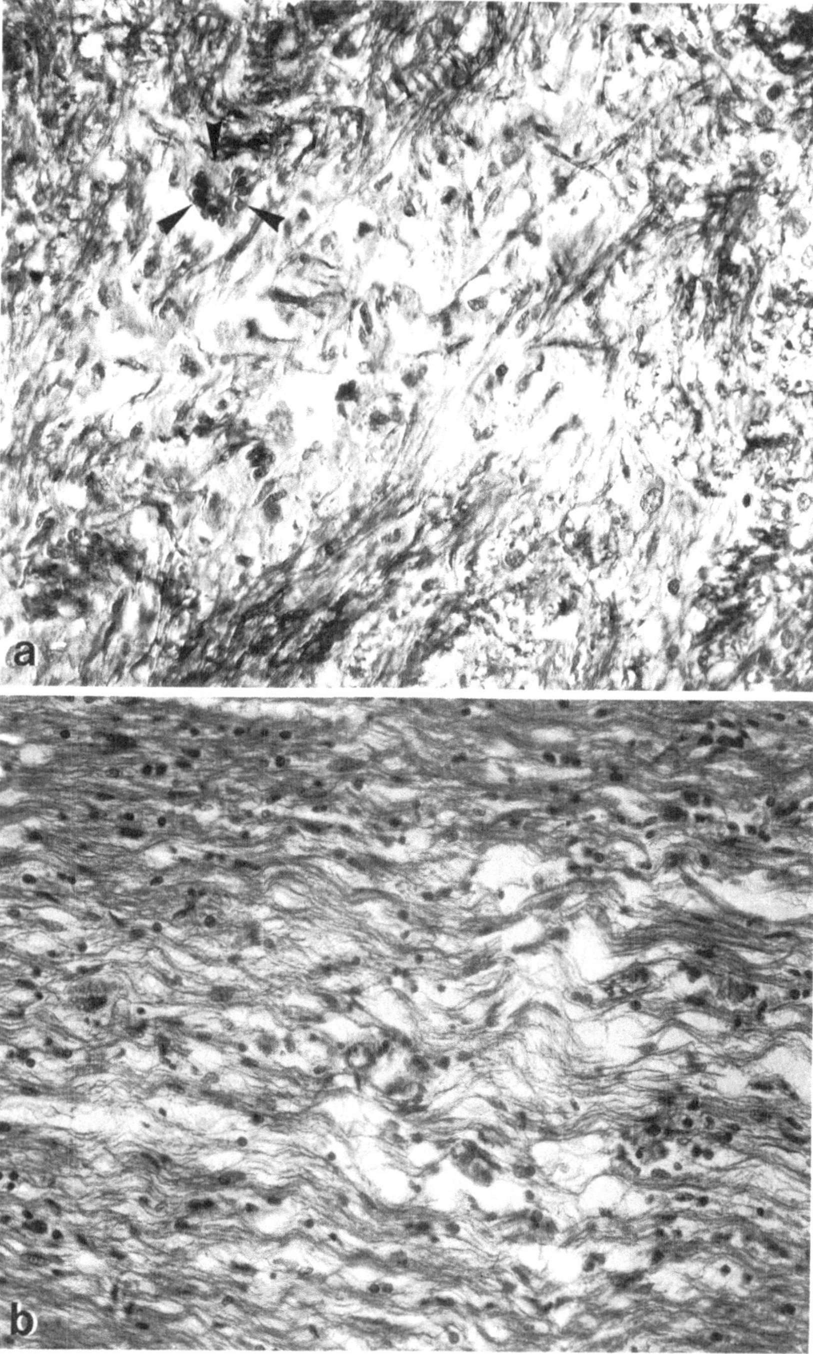

Abb. 3a, b. Multifokale Riesenzellenzephalitis, Marksubstanz des Großhirns. (a) Mäßige Marklichtung und Makrophagen im Herdchen, reaktive Astroglia am Rand. Die Pfeilspitzen umfassen eine vielkernige Riesenzelle in unmittelbarer Nähe von Markfasern. Klüver-Barrera, × 400, Interferenzkontrast. (b) Relativ gutes Erhaltenbleiben der Axone in einem spongiösen Herdchen. Axonimprägnation nach Bodian, × 250, Interferenzkontrast

nicht als PDL diagnostiziert. Ebenso wurden perifokale ödematöse Markveränderungen in der Umgebung von Herdläsionen wie entzündlicher Toxoplasmose- oder CMV-Nekrosen oder maligner Lymphome von den diffusen Veränderungen der PDL unterschieden.

Eine zusätzliche neuropathologische Analyse von 31 weiteren, nicht in Tabelle 1 aufgeführten AIDS-Patienten aus Italien zeigt eine ähnliche Inzidenz HIV-assoziierter Gewebssyndrome; bei gemeinsamer Auswertung mit dem hier detailliert beschriebenen Untersuchungsmaterial ergibt sich eine Häufigkeit der multifokalen Riesenzell-Enzephalitis von 28% (15 von 54 Gehirnen) und der PDL von 28% (15 von 54 Gehirnen); beide HIV-assoziierte Gewebssyndrome zusammengenommen traten bei 41% (22 von 54) der Patienten auf (Budka et al., im Druck).

Diffuse gliale/glioneuronale Poliodystrophie

In fast der Hälfte der Fälle zeigte sich in der grauen Substanz eine leicht bis mäßig ausgeprägte Vermehrung der Astroglia, meist mit geschwollenen hellen und häufig „nackten" Kernen und mit variablem Gehalt an immunreaktivem GFAP (Abb. 5). In einzelnen Fällen schien auch eine leichte fokale Nervenzellreduktion bei geringer Stäbchenzellvermehrung vorzuliegen. Diese ohne morphometrische Daten nur qualitativ beurteilbaren Veränderungen ließen keine besondere Bevorzugung des gemeinsamen Auftretens mit bestimmten anderen Gewebsveränderungen erkennen.

Diskussion

Um bestimmte Gewebsveränderungen als morphologisches Korrelat einer HIV-Infektion des Gehirns anerkennen zu können, müssen folgende Anforderungen erfüllt werden:

1) Der *Erregernachweis* aus dem entsprechend veränderten Hirngewebe; bisherige diesbezügliche Untersuchungen weisen hier auf die wesentliche Rolle *vielkerniger Riesenzellen* hin.
2) Der *Ausschluß sonstiger möglicher Erreger* (opportunistische Infektionen).
3) Der Ausschluß eines bisher bei medikamentöser oder sonstiger Immunsuppression beobachteten Gewebssyndroms; in diesem Zusammenhang ist insbesondere auf die Frage der sog. *„subakuten"* (Snider et al. 1983) *Knötchen-Enzephalitis* einzugehen.

ad 1): Obwohl in früheren Arbeiten das Vorkommen mehrkerniger Zellen in einzelnen AIDS-Gehirnen erwähnt wurde, vermuteten erstmals Sharer et al. (1985) einen Zusammenhang der von ihnen bei 3 Kindern „wahllos verstreut in weißer und grauer Hirnsubstanz" angetroffenen multinukleären Riesenzellen mit dem kausalen Retrovirus des AIDS. Ähnliche Riesenzellformen wurden als charakteristischer zytopathogener Effekt des HIV in permissiven Human-T-Zell-Linien beobachtet (Popovic et al. 1984). Epstein et al. (1985b) beschrieben das elektronenmikroskopische Bild der Riesenzellen ähnlich dem von Makrophagen oder Astroglia sowie ihre Assoziation mit retrovirus-ähnlichen Partikeln. Budka (1986) beschrieb das charakteristi-

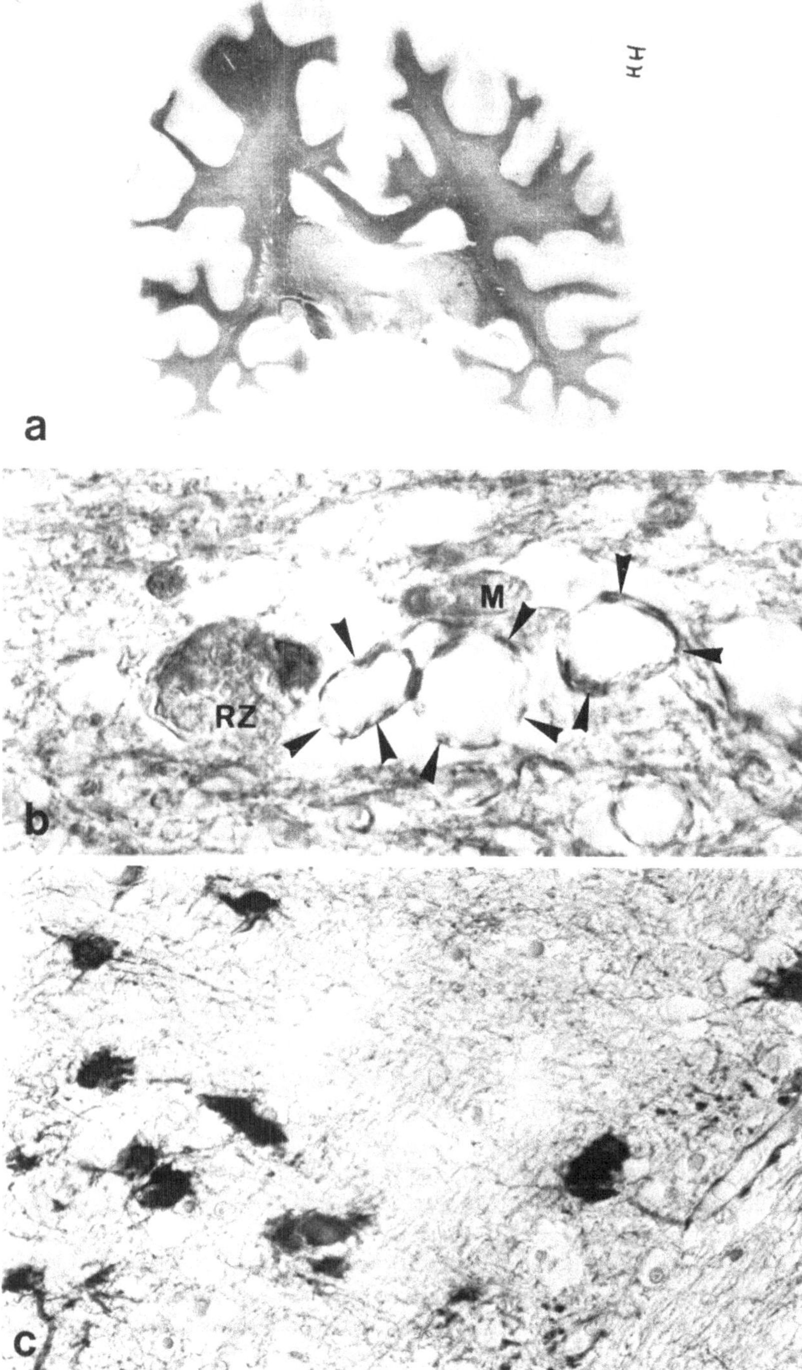
a
b
RZ
M
c

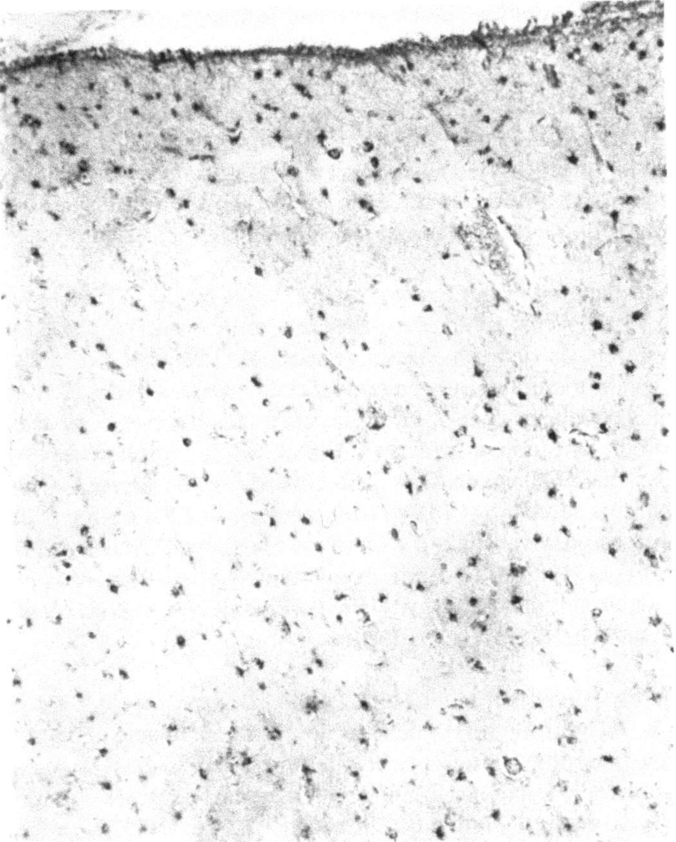

Abb. 5. Diffuse glioneuronale Poliodystrophie, Parietalrinde. Diffuse Proliferation GFAP-immunreaktiver Astroglia. GFAP, ×100

sche Auftreten der vielkernigen Riesenzellen in lockeren Herdchen als multifokale Riesenzell-Enzephalitis; die Riesenzellen zeigten das histochemische Verhalten und Aussehen von Makrophagen und verhielten sich immunzytochemisch wie nichtneurale hämatogene Zellen. Den Beweis des Zusammenhanges der Riesenzellen mit der HIV-Infektion lieferten kürzlich Koenig et al. (1986); sie konnten mittels In-situ-Hybridisierung die Produktion viraler RNS und mittels Elektronenmikroskopie das „budding" von Retroviruspartikeln an mono- und multinukleären Zellen zweifelsfrei nachweisen, die sie überdies als Zellen der Monozyten/Makrophagen-Reihe immun-

←

Abb. 4a–c. Progressive diffuse Leukoenzephalopathie (PDL). (a) Ausgeprägte diffuse Marklichtung des Großhirnhemisphärenmarkes; Windungsmarkzungen und subkortikale U-Fasern bleiben weitgehend ausgespart. Markscheidenfärbung nach Heidenhain. (b) Eine vielkernige Riesenzelle (*RZ*, in dieser Fokusebene nur 2 Kerne zu erkennen) und eine monzytäre Zelle liegen direkt einer geschädigten, ballonierten Markscheide *(von Pfeilspitzen umfaßt)* an. Klüver-Barrera, ×1000. (c) Auftreten großleibiger reaktiver Astroglia im gelichteten Centrum semiovale. Immunzytochemische PAP-Technik für GFAP, ×400

zytochemisch charakterisieren konnten. Einen weiteren Beitrag zur HIV-Infektion monozytärer Zellen in AIDS-Hirnen lieferten jüngst Gartner et al. (1986) durch HIV-Isolierung aus kultivierten „mononukleären Phagozyten" einer Hirnbiopsie. Diese Daten belegen, daß in AIDS-Gehirnen neben morphologisch nicht sonderlich auffallenden mononukleären Zellen der Monozyten/Makrophagen-Reihe es vor allem die markanten vielkernigen Riesenzellen sind, die HIV produzieren. Daraus kann geschlossen werden, daß *multinukleäre Riesenzellen in AIDS-Gehirnen* ein *morphologischer Indikator für die lokale Präsenz des HIV* sind.

ad 2): Der Ausschluß sonstiger möglicher Erreger erfordert eine umfangreiche histologische Untersuchung an möglichst zahlreichen Blöcken, wobei sich Großflächenschnitte besonders bewähren, da sie auch eine ausgezeichnete Übersicht über Ausmaß und Ausdehnung von Markveränderungen ermöglichen. Weiters ist der Einsatz histologischer und immunzytochemischer Spezialfärbungen zum Nachweis opportunistischer Erreger wie in dieser Studie erforderlich. Es hat sich hier gezeigt, daß die Immunzytochemie in einzelnen Fällen von Knötchen-Enzephalitis die Erreger in den Knötchen direkt sichtbar machen kann (CMV, Toxoplasmen). In 2 Fällen von PDL wurden papovavirus-antigen-positive Zellkerne ohne das klassische Bild einer PML angetroffen (Kleihues et al. 1985); der fehlende Papovavirus-Antigen-Nachweis bei allen sonstigen PDL-Fällen zeigt, daß Papovaviren in der Pathogenese und Ätiologie der PDL kaum eine wesentliche Rolle spielen dürften.

ad 3): Eine „subakute" Enzephalitis (Snider et al. 1983) mit dem Bild einer Knötchen-Enzephalitis wurde auch mit dem HIV in kausalen Zusammenhang gebracht. Gegen einen derartigen Zusammenhang spricht allerdings, daß dieses Gewebssyndrom bereits früher als nicht seltener Befund unter medikamentöser Immunsuppression z. B. nach Nierentransplantation beschrieben (Budka et al. 1976) und als Folge einer CMV-Infektion gedeutet wurde (Dorfman 1973). Nach meiner Erfahrung lassen sich die Herdchen der multifokalen Riesenzell-Enzephalitis durch ihren lockeren Charakter und geringeren Reichtum an Infiltratzellen neben der Präsenz von mehrkernigen Zellen von den Knötchen einer Nicht-HIV-Enzephalitis unterscheiden.

In der vorliegenden Arbeit konnte erstmals an einer Reihe von Fällen gezeigt werden, daß charakteristische multifokal-disseminierte bis diffuse Hirngewebsveränderungen bei AIDS in relativ hoher Frequenz (um 40%) auftreten, bei denen opportunistische Erreger ausgeschlossen werden können, die einen neuartigen Typ einer Hirnerkrankung ohne Parallele mit früheren Bildern unter Immunsuppression darstellen, und bei denen das Auftreten der mehrkernigen Riesenzellen in den Veränderungen die lokale Präsenz des HIV belegt. Daraus kann die Schlußfolgerung abgeleitet werden: *Die multifokale Riesenzell-Enzephalitis und die PDL sind morphologische Korrelate der HIV-Infektion des Gehirns.*

Bei drei unserer Fälle lag eine Kombination beider HIV-assoziierten Gewebssyndrome vor, wobei die diffuse Markschädigung offenbar durch Konfluenz von Riesenzellherdchen entstand. Daraus läßt sich schließen, daß multifokale Riesenzell-Enzephalitis und PDL die beiden Endpunkte eines Spektrums von morphologischen Veränderungen mit fließenden Übergängen darstellen dürften. Ob bestimmte

Varianten des HIV die eine oder andere Gewebsmanifestation bevorzugen, muß derzeit Spekulation bleiben. Der entzündliche Charakter der Gewebsläsion fehlt bei der primär diffusen Markschädigung einer PDL; deshalb trifft hier die Bezeichnung Leukoenzephalopathie zu. Bei Übergangsfällen zur Riesenzell-Enzephalitis haben die kleinen konfluierenden Markherdchen bereits einen enzephalitischen Charakter.

Die Pathogenese des HIV-assoziierten herdförmigen oder diffusen Entmarkungsgeschehens ist unklar. Der meist spongiöse und häufig perivasale Läsionscharakter läßt an die Folge eines lokal umschriebenen Ödems oder an die Auswirkungen lokaler humoraler Faktoren (Entzündungsmediatoren? Immunglobuline?) denken. Andererseits läßt die gelegentlich nachweisbare Nachbarschaft HIV-infizierter Zellen (Makrophagen und multinukleärer Riesenzellen) mit geschädigtem Myelin auch zelluläre Effektormechanismen möglich erscheinen, welche einerseits zielgerichtet im Sinne einer zellulären Immunreaktion, andererseits als unspezifisches Nebenprodukt der lokalen Präsenz von Makrophagen im Sinne einer „Bystander-Demyelinisierung" auftreten könnten.

Stoler et al. (1986) berichteten kürzlich über den Nachweis von HIV-RNS mittels In-situ-Hybridisierung auch in „Zellen, morphologisch vereinbar mit Astrozyten, Oligodendroglia und selten Neuronen"; allerdings konnte ihre Photodokumentation diese Behauptungen nicht untermauern. Mittels immunzytochemischen HIV-Antigen-Nachweises konnten Gabuzda et al. (1986), mittels Elektronenmikroskopie und In-situ-Hybridisierung Koenig et al. (1986) einen ausschließlich auf Zellen der Monozyten/Makrophagen-Reihe beschränkten HIV-Nachweis im AIDS-Gehirn führen. Daher liegt derzeit ein zweifelsfreier Nachweis von HIV in neuroektodermalen Zellen nicht vor. Dickson (1986) beschrieb die Bindung des Lektins RCA-I an die vielkernigen Riesenzellen in AIDS-Gehirnen; RCA-I wurde als Marker für die sog. Mikroglia beschrieben (Mannoji et al. 1986). Allerdings entsprechen jene reaktiven Zellen, die in AIDS-Gehirnen teils als Stäbchenzellen auftreten, dem Begriff der „aktivierten Mikroglia", die heute allgemein als nichtneurogene, hämatogene Zellform aus der Monozyten/Makrophagen-Reihe gilt (Oehmichen 1982). Es ist derzeit noch unklar, unter welchen Umständen das HIV neben seinem bekannten Tropismus für CD4-positive T-Lymphozyten auch Monozyten/Makrophagen befallen kann; bisher vorliegende Ergebnisse ließen sich dahingehend interpretieren, daß eine bestimmte Variante des Virus einen bevorzugten Tropismus entweder für T-Lymphozyten oder Monozyten/Makrophagen besitzen kann (Streicher u. Joynt 1986), daß also unterschiedliche Virusvarianten mit unterschiedlichem Tropismus vorkommen dürften. Andererseits wurde kürzlich auch auf die Möglichkeit einer HIV-Bindung und -Penetration durch CD4-negative Zellen auf dem Weg über CD4-ähnliche oder andere Membranmoleküle oder Fc-Rezeptor- oder opsonisationsmediierte Phagozytose hingewiesen, wie das gerade bei Makrophagen der Fall sein kann (Klatzmann u. Gluckman 1986).

Obwohl nunmehr histopathologische Substrate der HIV-Infektion des Gehirns vorliegen, ist noch offen, inwieweit die beobachteten Gewebsveränderungen mit den klinischen Ausfallserscheinungen, insbesondere dem häufig markanten psychoorganischen Abbau („AIDS-Demenz-Komplex", Navia et al. 1986a) korrelieren. Navia et al. (1986b) beschrieben einen bemerkenswert blanden histologischen Hirnbefund bei einem Drittel der AIDS-Demenz-Fälle; andererseits fanden sie Veränderungen auch bei über der Hälfte der nichtdementen Patienten. Eine ähnlich dürftige klinisch-pathologische Korrelation war in unserer Serie bei einem Patienten mit rasch progredientem Demenzbild gegeben, wo keine HIV-assoziierten Veränderungen, sondern lediglich eine mäßig ausgeprägte CMV-Knötchen-Enzephalitis nachweisbar war. Es fand sich hier allerdings eine schwere diffuse Großhirnwindungsatrophie, besonders frontal, sowie das histopathologische Bild einer diffusen astroglialen bzw. glioneuronalen Poliodystrophie (Seitelberger 1975), wie bei fast der Hälfte unserer Patienten. Derartige Bilder treten bekanntermaßen bei schweren allgemeinen Stoffwechselstörungen, insbesondere bei Leber- und Niereninsuffizienz auf; in Anbetracht der Multimorbidität der AIDS-Patienten könnten die beobachteten poliodystrophen Veränderungen durchaus Ausdruck einer allgemeinen metabolischen Störung innerer Organe sein. Andererseits ist es aber auch denkbar, daß hier neben multifokaler Riesenzell-Enzephalitis und PDL ein weiteres histopathologisches Substrat der direkten HIV-Infektion oder deren mittelbare Folge vorliegt. Für die klinische Korrelation wären derartige wenig eindrucksvolle Veränderungen durchaus nicht ungewöhnlich; so zeigen ja schwere metabolische Psychosyndrome bis Komata im Akutzustand wenig eindrucksvolle histopathologische Korrelate, und bei chronischen Verläufen finden sich vor allem Gliaveränderungen (Plum u. Hindfelt 1976) vom Typ der diffusen glialen Poliodystrophie. Das gewebliche Substrat der oft markanten Hirnatrophie bei AIDS ist derzeit offen und sollte durch morphometrische Untersuchungen genauer erfaßt werden; ebenso sollte die Möglichkeit von Transmitterstörungen als Basis der psychoorganischen Abbauerscheinungen überprüft werden. Es bedarf jedenfalls noch intensiver zukünftiger Forschungsanstrengungen, um das gesamte pathogenetische Spektrum der Hirnveränderungen bei der HIV-Infektion zu erfassen und damit die Basis für eine rationale Therapie zu legen.

Danksagung. Der Autor dankt Fr. H. Flicker und Fr. B. Windsperger für ausgezeichnete technische Assistenz sowie Dr. G. N. Budzilovich, New York, Prof. G. Gosztonyi, Berlin, Prof. K. Jellinger, Wien, Prof. P. Kleihues, Zürich, Dr. P. Pilz, Salzburg, Prof. H. P. Schmitt, Heidelberg, Prof. J. Ulrich, Basel, und Prof. B. Volk, Freiburg i. Br., für die freundliche Übersendung von Untersuchungsmaterial.

Literatur

Anders KH, Guerra WF, Tomiyasu U, Verity MA, Vinters HV (1986) The neuropathology of AIDS. UCLA experience and review. Am J Pathol 124:537–558

Budka H (1986) Multinucleated giant cells in brain: A hallmark of the acquired immune deficiency syndrome (AIDS). Acta Neuropathol (Berl) 69:253–258

Budka H, Costanzi G, Cristina S, Lechi A, Trabattoni G (im Druck) Morphological correlates of cerebral HIV infection. In: Kubicki St, Henkes H, Bienzle U (Hrsg) HIV and nervous system. Fischer, Stuttgart New York

Budka H, Jellinger K, Wolf A, et al (1976) Neuropathologische Befunde nach Nierentransplantation. Wien Klin Wochenschr 88: 175–179

Budka H, Shah KV (1983) Papovavirus antigens in paraffin sections of PML brains. Progr Clin Biol Res 105:299–309

Dickson DW (1986) Multinucleated giant cells in acquired immunodeficiency syndrome encephalopathy. Origin from endogenous microglia? Arch Pathol Lab Med 110:967–968

Dorfman LJ (1973) Cytomegalovirus encephalitis in adults. Neurology (Minn) 23:136–144

Epstein LG, Sharer LR, Joshi VV, Fojas MM, Koenigsberger MR, Oleske JM (1985a) Progressive encephalopathy in children with acquired immune deficiency syndrome. Ann Neurol 17:488–496

Epstein LG, Sharer LR, Cho E-S, Myenhofer M, Navia BA, Price RW (1985b) HTLV-III/LAV-like retrovirus particles in the brains of patients with AIDS encephalopathy. AIDS Res 1:447–454

Gabuzda DH, Ho DD, de la Monte SM, Hirsch MS, Rota TR, Sobel RA (1986) Immunohistochemical identification of HTLV-III antigen in brains of patients with AIDS. Ann Neurol 20:289–295

Gartner S, Markovits P, Markovitz DM, Betts RF, Popovic M (1986) Virus isolation from and identification of HTLV-III/LAV-producing cells in brain tissue from a patient with AIDS. JAMA 256:2365–2371

Gonda MA, Wong-Staal F, Gallo RC, Clements JE, Narayan O, Gilden RV (1985) Sequence homology and morphologic similarity of HTLV-III and visna virus, a pathogenic lentivirus. Science 227:173–177

Gressentis A (1986) Le SIDA et le cerveau. La Recherche 17:1272–1273

Ho DD, Rota TR, Schooley RT, et al (1985) Isolation of HTLV-III from cerebrospinal fluid and neural tissues of patients with neurologic syndromes related to the acquired immunodeficiency syndrome. N Engl J Med 313:1493–1497

Johnson RT, McArthur JC (1986) AIDS and the brain. Trends Neurosci 9:91–94

Klatzmann D, Gluckman JC (1986) HIV infection: Facts and hypotheses. Immunol Today 7:291–296

Kleihues P, Lang W, Burger PC, et al (1985) Progressive diffuse leukoencephalopathy in patients with acquired immune deficiency syndrome (AIDS). Acta Neuropathol (Berl) 68:333–339

Koenig S, Gendelman HE, Orenstein JM, et al (1986) Detection of AIDS virus in macrophages in brain tissue from AIDS patients with encephalopathy. Science 233:1089–1093

Kristoferitsch W, Budka H, Stummvoll H, Podreka I, Binder H (1985) Neurologische Komplikationen des erworbenen Immunmangelsyndroms AIDS. Eine Analyse von drei Fällen. Mitt Oesterr Ges Tropenmed Parasitol 7:23–31

Levy RM, Bredesen DE, Rosenblum ML (1985a) Neurological manifestations of the acquired immunodeficiency syndrome (AIDS): Experience at UCSF and review of the literature. J Neurosurg 62:475–495

Levy JA, Shimabukuro J, Hollander H, Mills J, Kaminsky L (1985b) Isolation of AIDS-associated retroviruses from cerebrospinal fluid and brain of patients with neurological symptoms. Lancet II:586–588

Mannoji H, Yeger H, Becker LE (1986) A specific histochemical marker (lectin ricinus communis agglutinin-1) for normal human microglia, and application to routine histopathology. Acta Neuropathol (Berl) 71:341–343

Navia BA, Jordan BD, Price RW (1986a) The AIDS dementia complex: I. Clinical features. Ann Neurol 19:517–524

Navia BA, Cho E-S, Petito CK, Price RW (1986b) The AIDS dementia complex: II. Neuropathology. Ann Neurol 19:525–535

Oehmichen M (1982) Functional properties of microglia. In: Smith WT, Cavanagh JB (eds) Recent advances in neuropathology, vol 2. Churchill Livingstone, Edinburgh, pp 83–107

Petito CK, Navia BA, Cho E-S, Jordan BD, George DC, Price RW (1985) Vacuolar myelopathy pathologically resembling subacute combined degeneration in patients with the acquired immunodeficiency syndrome. N Engl J Med 312:874–879

Plum F, Hindfelt B (1976) The neurological complications of liver disease. In: Vinken PJ, Bruyn GW (eds) Handbook of clinical neurology, vol 27. North-Holland, Amsterdam Oxford, pp 349–377

Popovic M, Sarngadharan MG, Read E, Gallo RC (1984) Detection, isolation, and continuous production of cytopathic retroviruses (HTLV-III) from patients with AIDS and pre-AIDS. Science 224:497–500

Resnick L, di Marzo-Veronese F, Schüpbach J, et al (1985) Intra-blood-brain-barrier synthesis of HTLV-III-specific IgG in patients with neurologic symptoms associated with AIDS or AIDS-related complex. N Engl J Med 313:1498–1504

Seale J (1985) AIDS virus infection: Prognosis and transmission. J Roy Soc Med 78:613–615

Seitelberger F (1975) General neuropathology of the degenerative diseases of the central nervous system. In: Vinken PJ, Bruyn GW (eds) Handbook of clinical neurology, vol 21. North-Holland, Amsterdam Oxford, pp 43–71

Sharer LR, Cho E-S, Epstein LG (1985) Multinucleated giant cells and HTLV-III in AIDS encephalopathy. Hum Pathol 16:760

Sharer LR, Epstein LG, Cho E-S, Joshi VV, Meyenhofer MF, Rankin LF, Petito CK (1986) Pathologic features of AIDS encephalopathy in children: Evidence for LAV/HTLV-III infection of brain. Hum Pathol 17:271–284

Shaw GM, Harper ME, Hahn BH, et al (1985) HTLV-III infection in brains of children and adults with AIDS encephalopathy. Science 227:177–182

Snider WD, Simpson DM, Nielsen S, Gold JWM, Metroka CE, Posner JB (1983) Neurological complications of acquired immune deficiency syndrome: Analysis of 50 patients. Ann Neurol 14: 403–418

Stoler MH, Eskin TA, Benn S, Angerer RC, Angerer LM (1986) Human T-cell lymphotropic virus type III infection of the central nervous system. A preliminary in situ analysis. JAMA 256:2360–2364

Streicher HZ, Joynt RJ (1986) HTLV-III/LAV and the monocyte/macrophage. JAMA 256:2390–2391

Wessely K, Fuchs D, Hausen A, Pilz P, Reibnegger G, Wachter H (1985) Erster Fall von AIDS in Salzburg. Wichtiger diagnostischer Hinweis durch die Neopterinbestimmung. Wien Klin Wochenschr 97:88–90

Allgemeine Pathologie bei AIDS und ihre Beziehungen zu neuropathologischen Befunden

S. Falk, H. Müller, H. L. Schmidts, K. Berger, K. Hübner und H. J. Stutte

Die neuropathologischen Befunde bei AIDS sollen hiermit aus der Sicht der allgemeinen Pathologie noch um einige wenige Anmerkungen ergänzt werden.

Inzwischen sind in Frankfurt 60 an AIDS verstorbene Patienten obduziert worden (Stand 15.4.1987). Als wichtigste Befunde neben den unmittelbaren Folgen der HIV-Infektion an den lymphatischen Organen, die sich in einer starken Reduktion des lymphatischen Gewebes und Strukturveränderungen in Lymphknoten, Thymus und Milz äußern, finden sich dabei opportunistische Infektionen und Tumoren (Falk et al. 1986; Schmidts et al. 1986).

Bei 33 Patienten liegen überwiegend generalisierte Zytomegalievirus(CMV)-Infektionen, vor allem der Lungen, der Nebennieren sowie des Gastrointestinaltraktes vor, wobei CMV in bereits vorgeschädigten Geweben, etwa in der Umgebung von Bronchopneumonien, besonders häufig morphologisch manifest wird.

Mittels der In-situ-Hybridisierung ist das CMV-Genom jedoch auch in einer Vielzahl von morphologisch unauffälligen Zellen nachweisbar (Müller 1986, unveröffentlichte Ergebnisse). Daher ist das Vorkommen typischer Kerneinschlußkörper und zytomegaler Riesenzellen bei einer CMV-Infektion des ZNS in der Umgebung von Mikrogliaknötchen durch eine derartige, möglicherweise HIV-induzierte Vorschädigung erklärbar, wenn die Mikrogliaknötchenenzephalitis als eigenständiges Krankheitsbild (Anders et al. 1986) und nicht als Folge eines CMV-Befalles (Snider et al. 1983) gedeutet wird.

Den Lungen kommt als Eintrittspforte für opportunistische Infektionen allgemein und speziell bei AIDS-Patienten eine besondere Bedeutung zu. Außer einer Pneumocystis-carinii-Pneumonie, die in verschiedenen Ausprägungsgraden und Stadien in 23 Fällen vorhanden ist und neben der zerebralen Toxoplasmose die häufigste Erstmanifestation des AIDS darstellt, finden sich in 4 Fällen Aspergillusinfektionen, in je einem Fall eine Kryptokokken- und eine Toxoplasma-gondii-Infektion sowie bei nahezu allen Fällen finale Bronchopneumonien. Damit ist der Ausgangsort für die überwiegende Mehrzahl der Pilzinfektionen des ZNS im Frankfurter Untersuchungsgut (bisher drei Aspergillus- und zwei Kryptokokkeninfektionen) gesichert. Dies gilt nicht für die Toxoplasmose des Gehirns; extrakranielle Manifestationen dieser bei AIDS-Patienten am häufigsten für zerebrale Raumforderungen verantwortlichen Protozoen-Infektion (Enzensberger et al. 1985) haben wir nur einmal in der Lunge eines AIDS-Patienten beobachten können.

An malignen Tumoren werden bei AIDS überwiegend das Kaposi-Sarkom sowie maligne Non-Hodgkin-Lymphome diagnostiziert. Dies bestätigt sich bei den in Frankfurt obduzierten Patienten. Die malignen Lymphome (fünf hochmaligne Non-Hodgkin-Lymphome vom B-Zell-Typ und eine Lymphogranulomatose vom lymphozytenarmen Subtyp) mit einem bevorzugt extranodalen Auftreten und Ausbreitungsmuster haben mit Ausnahme eines polymorphzelligen Immunozytoms der Lunge und des Gehirns nicht zu einem ZNS-Befall geführt. Darüber hinaus liegen drei weitere hochmaligne primäre Non-Hodgkin-Lymphome des ZNS vor (Schlote 1986, persönliche Mitteilung). Als Ursache der malignen Lymphome bei AIDS wird eine der T-Zell-Kontrolle entzogene, Epstein-Barr-Virus-induzierte, zunächst polyklonal unter dem Bild eines lymphoproliferativen Syndroms verlaufende, später monoklonale, nicht mehr rückbildungsfähige und als maligne anzusehende Proliferation von B-Lymphozyten diskutiert (Hanto et al. 1981).

Der in unserem Untersuchungsgut häufigste maligne Tumor, das bei 25 von 60 Fällen vorliegende Kaposi-Sarkom, hat bei keinem Patienten zu einem ZNS-Befall geführt, obwohl teilweise sehr stark disseminierte Tumoren mit einer ausgedehnten viszeralen Beteiligung vorhanden sind. Eine Ursache für die extrem seltene Beteiligung des ZNS bei disseminiertem Kaposi-Sarkom (Anders et al. 1986) ist nicht bekannt, könnte jedoch auf seine histogenetische Abkunft von postkapillären Venolen (Hashimoto et al. 1987) zurückzuführen sein.

Den im ZNS mit der HIV-Infektion in einen kausalen Zusammenhang gebrachten multinukleären Riesenzellen (Budka 1986) morphologisch ähnliche Zellen sind sowohl bioptisch als auch autoptisch in Lymphknoten von PGL- und AIDS-Patienten nachweisbar (Carbone et al. 1986). Zumindest für das Gehirn kann es als bewiesen gelten, daß es sich bei diesen Riesenzellen um Monozyten- bzw. Makrophagenabkömmlinge handelt und daß die Riesenzellbildung auf einem Befall durch HIV beruht (Koenig et al. 1986).

Dieser Befund bestätigt, daß neben CD_4-positiven T-Lymphozyten und einer Makrophagensubpopulation, die ebenfalls diese bisher für die HIV-Infektion der Zellen als notwendig angesehene (Klatzmann u. Gluckman 1986) Oberflächenstruktur trägt, auch andere Zellen ohne dieses Antigen infiziert werden können. Dazu zählen neben B-Lymphozyten vorwiegend, aber nicht ausschließlich Zellen des Monozyten-Makrophagen-Systems. Eine HIV-Infektion wurde bisher elektronenmikroskopisch und/oder immunhistochemisch für Makrophagen (Gyorkey et al. 1985) sowie für dendritische (Armstrong et al. 1985) und interdigitierende Retikulumzellen (Müller et al. 1986) sowie für Langerhans-Zellen der Haut wahrscheinlich gemacht.

Bei allen diesen Zellen handelt es sich um sog. akzessorische Zellen des Immunsystems, die eine zentrale Rolle bei der Initiation und Regulation der Immunantwort spielen sowie mit B-Lymphozyten (dendritische Retikulumzellen) und T-Lymphozyten (interdigitierende Retikulumzellen) in direkten Kontakt treten. Bei der Bewertung dieser Befunde muß jedoch kritisch angemerkt werden, daß die verfügbaren Antikörper gegen HIV-Antigene überwiegend mit Retrovirusproteinen reagieren, die in der Mehrzahl der Fälle bei der Virusreplikation im Überschuß gebildet werden und daher frei vorliegen können. Ohne den gleichzeitigen elektronenmikroskopischen Nachweis intakter Retroviren oder des Virusgenoms durch die In-situ-Hybridisierung ist der immunhistochemische HIV-Nachweis daher alleine nicht beweiskräftig.

Unter Berücksichtigung dieser Einschränkungen weisen immunhistochemische Untersuchungen mit Antikörpern gegen die HIV-Proteine p24, gp41 und gp120 darauf hin, daß die unter Normalbedingungen langlebigen dendritischen und interdigitierenden Retikulumzellen HIV-infiziert sind und möglicherweise ein Virusreservoir darstellen (Müller et al. 1986).

Da sie aus Vorläuferzellen entstehen, die als monozytoide Zellen aus dem Knochenmark einwandern, besteht die Möglichkeit, daß sie bereits dort durch HIV infiziert werden, eine Annahme, die auch durch Auffälligkeiten in anderen Zellsystemen des Knochenmarks gestützt wird. Zur Überprüfung dieser Hypothese werden z. Z. immunhistochemische und elektronenmikroskopische Untersuchungen am Knochenmark von PGL- und AIDS-Patienten durchgeführt (Müller et al. 1987, in Vorbereitung).

Literatur

Anders KH, Guerra WF, Tomiyasu U, Verity MA, Vinters HV (1986) The neuropathology of AIDS-UCLA experience and review. Am J Pathol 124:537–558

Armstrong JA, Dawkins RL, Horne R (1985) Retroviral infection of accessory cells and the immunological paradox in AIDS. Immunol Today 6:121–122

Budka H (1986) Multinucleated giant cells in brain: A hallmark of the acquired immune deficiency syndrome (AIDS). Acta Neuropathol (Berl) 69:253–258

Carbone A, Manconi R, Volpe R (1986) Multinucleated cells in lymph nodes of HTLV-III seropositive intravenous drug abusers with generalized lymphadenopathy. Arch Pathol Lab Med 110:871–872

Enzensberger W, Helm EB, Hopp G, Stille W, Fischer PA (1985) Toxoplasmoseencephalitis bei Patienten mit AIDS. Dtsch Med Wochenschr 110:83–87

Falk S, Müller H, Schmidts HL, Stutte HJ (1986) Morphologische Befunde bei Lymphadenopathiesyndrom (LAS) und erworbenem Immundefektsyndrom (AIDS). Dtsch Med Wochenschr 110:714–718

Gyorkey F, Melnick JL, Sinkowicz JG, Gyorkey P (1985) Retrovirus resembling HTLV-III in macrophages. Lancet I:106

Hanto DW, Frizzera G, Purtilo DT (1981) Clinical spectrum of lymphoproliferative disorders in renal transplant recipients and evidence for the role of Epstein-Barr virus. Cancer Res 41:4253–4261

Hashimoto H, Müller H, Falk S, Stutte HJ (1987) Histogenesis of Kaposi's sarcoma associated with AIDS: A histologic, immunohistochemical and enzyme histochemical study. Path Res Pract (im Druck)

Klatzmann D, Gluckman JC (1986) HIV-Infection: Facts and hypotheses. Immunol Today 7:291–296

Koenig S, Gendelman HE, Orenstein JM, et al (1986) Detection of AIDS-virus in macrophages in brain tissue from AIDS patients with encephalopathy. Science 233:1089–1093

Müller H, Falk S, Stutte HJ (1986) Accessory cells as primary target of human immunodeficiency virus (HIV) infection. J Clin Pathol 39:1161

Schmidts HL, Müller H, Falk S, Schneider M, Sakuma T, Hübner K, Stutte HJ (1986) Obduktionsbefunde bei erworbenem Immundefektsyndrom (AIDS). Pathologe 7:8–21

Snider WD, Simpson DM, Nielsen S, Gold JWM, Metroka CE, Posner JB (1983) Neurological complications of acquired immune deficiency syndrome: Analysis of 50 patients. Ann Neurol 14:403–418

Sachverzeichnis